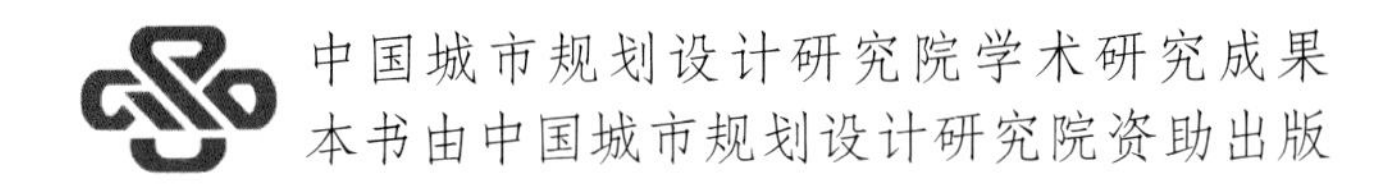

工业历史地段保护与更新方法研究

王军　著

学苑出版社

图书在版编目（CIP）数据

工业历史地段保护与更新方法研究 / 王军著 . -- 北京：学苑出版社，2019.8

ISBN 978-7-5077-5784-2

Ⅰ. ①工… Ⅱ. ①王… Ⅲ. ①老工业基地—文化遗产—保护—研究—中国 Ⅳ. ① F427

中国版本图书馆 CIP 数据核字（2019）第 170967 号

出 版 人： 孟 白
责任编辑： 周 鼎
出版发行： 学苑出版社
社 址： 北京市丰台区南方庄 2 号院 1 号楼
邮政编码： 100079
网 址： www.book001.com
电子信箱： xueyuanpress@163.com
联系电话： 010-67601101（销售部） 010-67603091（总编室）
经 销： 全国新华书店
印 刷 厂： 河北赛文印刷有限公司
开本尺寸： 787 × 1092 1/16
印 张： 14.25
字 数： 280 千字
版 次： 2019 年 12 月第 1 版
印 次： 2019 年 12 月第 1 次印刷
定 价： 180.00 元

序

近年来，中国城市规划设计研究院历史文化名城研究所的研究实践在巩固历史文化名城保护的基础上，逐渐拓展至更广阔的领域，其中工业历史地段就是拓展对象之一。工业历史地段是一种新的遗产类型，与我们熟知的工业遗产密切相关又不尽相同，更侧重整体空间格局风貌的保护与延续。

我国当代工业遗产是世界工业遗产的重要组成部分，同时具有鲜明的中国特色，它是中国特色社会主义道路模式的物证；是促进我国国民经济、地区经济和社会平衡快速发展的物证；是激发自力更生、艰苦奋斗、树立核心价值观、爱国主义教育的重要物化教材，具有特殊的价值和意义，应加以科学保护和合理利用。

前些年，我在国务院参事室担任特约研究员时，实地调查过大西南深山里三线建设时期的工业遗存，切实感受到工业遗产的保护利用不能仅限于建筑物本体的造型特色，更需要从地区经济社会发展、周边环境协调等整体状况，进行系统综合的分析，目前我国在这方面的研究还比较欠缺。因此，我十分赞赏本书以规划的视角和文明传承的高度来看待工业时代的遗存。

本书是我院青年学者王军带领名城所年轻的课题团队，在院科技创新基金的资助下完成的，是对我院近些年工业历史地段保护更新实践的一次系统总结，并就价值评估、保护体系、更新方法进行了探索性研究。研究思路很清晰，成果也很丰硕。

希望王军和课题团队能够坚持不懈地深化研究，也希望中规院更多年轻的规划师能够进一步开拓思路、与时俱进，为新时代城乡高质量发展和文明薪火相传作出贡献。

王静霞

中国城市规划设计研究院　原院长
国务院　原参事
国务院参事室　原特约研究员

前　言

18 世纪中叶，兴起于英格兰的工业革命暴风骤雨般席卷了西方世界，开启了人类历史崭新的时代。大约一个世纪后，工业化以极为突兀的方式“空降”中华大地，古老的中国面临“数千年未有之变局”。此后，我国先后经历了晚清洋务运动的艰难探索、北洋时期民族工业的繁荣、国民政府时期国营工业的崛起、新中国初期社会主义工业的大建设、三线时期工业的重新布局、改革开放后工业化与城镇化的齐头并进等阶段，奠定了今日工业大国的基础，为人类工业文明发展提供了独特的中国样本。

在大规模的工业化进程中，我国大部分城市的布局结构发生了深刻的变化。城市中的工业地段形成了独特的空间形态和历史信息，是近现代工业化进程和民族图强的重要见证，也是城市历史文脉的重要组成，具有丰富的遗产价值和文化意义。

中国特色社会主义进入新时代，遗产保护利用成为实现中华民族伟大复兴的重要抓手。作为特殊的遗产类型，退出生产功能的工业历史地段是新时代城市转型的特色资源，对其进行更新改造是提升城市文化品质和功能活力的重要手段。《中共中央国务院关于进一步加强城市规划建设管理工作的若干意见》（2016）要求：“通过维护加固老建筑、改造利用旧厂房、完善基础设施等措施，恢复老城区功能和活力。”

近年来，我国单体工业遗产的保护利用取得了一定成效，但是以规划发展和文明传承视野对工业历史地段的综合价值、功能定位、空间布局、环境修复等进行系统研究的案例极其罕见，大量特色鲜明的工业历史地段仅保留了部分典型建构筑物，并且功能置入随意性强，整体价值大打折扣。

基于上述认识，本书以规划视角探索工业历史地段的保护更新方法。系统总结了我国工业化脉络的典型特征，并结合大量案例剖析了地段的空间特色、保护更新模式、实施路径及突出问题；在此基础上，从“保护”和“更新”两方面建立适应性的方法体系，进而具体阐释了地段综合价值评估方法和保护框架，以及社会经济转型、空间结构优化、生态环境修复、文化传承复兴的更新理念策略。

需要说明是，工业历史地段的保护与更新固然是大势所趋，但也是一个动态复杂的过程，大道辽阔，细轨纵横，许多影响因素不可预知。因此，本书的目标不是要为工业历史地段保护更新提供完整的理论体系，而是试图在客观认知遗存价值的基础上，通过典型案例分析，尽可能地梳理总结出工业历史地段保护更新的基本理念策略和一些普适性方法。

本书得到中国城市规划设计研究院科技创新基金项目《老工业历史地段保护更新的方法研究》资助。

希望本书的出版能为新时代我国工业历史地段的保护与更新提供有益的参考。

由于作者水平所限，书中存在大量的不足，真诚希望广大同行和读者批评、指正。

目 录

第一章 绪 论

一 研究背景

18 世纪 80 年代开始，兴起于英格兰的一场暴风骤雨般的工业革命席卷了整个世界，拉开了世界由农耕文明向工业文明转变的帷幕，开创了人类历史崭新的时代。工业化进程促进了明显的城市化进程，城市中人口大量聚集和增长，城市结构发生了历史性的变革。

中国的工业化始于 19 世纪中后期，大量城市在近现代工业化进程中也发生了深刻的变化，形成的大量工业历史地段拥有独特的空间形态和历史信息，是近现代工业化进程和民族图强的重要见证，也是城市历史文脉的重要组成部分，具有丰富的遗产价值和文化意义。随着产业转型升级的加快，城市大量工业历史地段退出生产功能，成为城市待更新的存量用地。但许多城市工业历史地段由于机制不活、资金短缺等原因，常常成为被清除的对象。

21 世纪以来，随着新型城镇化的深入推进和遗产保护的深入人心，我国城市进入功能转型和文化复兴的新时期。当前，中国特色社会主义进入新时代，文化遗产保护成为实现中华民族伟大复兴的重要抓手，国家高度重视城乡历史文化遗产保护事业，为保护工作提出了新要求，指明了新方向。工业历史地段的保护更新是近年来我国文化遗产保护的新领域，也是城市转型与复兴的特色资源和重要抓手。

从城市整体发展阶段看，原有增量扩张式逐步向存量优化模式转变，作为城市存量用地的重要组成部分，工业历史地段的更新改造和新功能植入是城市空间转型和活力提升的重要手段。2016 年初出台的《中共中央国务院关于进一步加强城市规划建设管理工作的若干意见》中明确要求"通过维护加固老建筑、改造利用旧厂房、完善基础设施等措施，恢复老城区功能和活力"。

目前，我国工业历史地段和工业遗产的保护更新实践主要集中在建筑领域，鲜有从规划视角对地段功能定位、空间布局、环境特色等进行系统研究，导致大量工业历史地段仅保留部分典型建构筑物，且功能置入随意性强，价值大打折扣。因此，以整体、系统、综合的规划视角探索工业历史地段的保护更新方法，具有重要的理论和实践意义。

二 研究综述

（一）国际研究综述

对工业遗产保护的研究始于 20 世纪中叶的英国。70 年代初，一些西方的学者和政府机构开始明确将这些地区认定为"历史地段"（Heritagesite）。之后，美国、法国、德国、日本等老牌工业国家也陆续开始了工业地段改造、更新和开发的理论研究与实践，该领域引起了越来越多的关注，研究涉及的工业遗产类型丰富多样、分布区域广泛、研究角度多元化并随着时代进步而不断拓展，总体来看主要涉及以下几个方面：

1. 工业历史地段的价值及再利用的意义

1955 年，英国的米切尔·瑞克斯发表名为"产业考古学"的文章，呼吁各界应即刻保存工业革命时期的机械与纪念物，引起欧洲学术界与民间的关注，这为后来的工业遗产保护奠定了坚实的理论与实践研究基础。"产业考古学"是工业遗产价值研究的萌芽。

Ohrstrom（1997）在讨论工业遗产的一次会议中指出再利用项目开发公司对工业历史地段的开发、改造和运营，会对周边区域的发展带来不可忽视的影响。一个成功的改造项目可以为当地吸引投资，可以为学术研究提供素材，可以创造新的工作机会。

《空洞的景观》研究了工业建筑再利用过程中产生的各种费用，利润及改造的限制条件等，并着重提出了污染较严重的工厂关闭之后所闲置的土地即褐色土地的利用价值，并指出如果单纯从经济角度出发，即使是褐色土地，对废弃的工业建筑进行开发也比重新开发相同规模的新建筑更加合理。

《基于老工业区集中研究的政策调整展望》指出工业历史地段在合适的政策条件下，能够再次发挥其经济活力。

《文化产业、信息技术和后工业城市景观的再生》认为工业历史地段的保护更新可以为城市更新带来新的活力，通过变更经济价值注入新文化理念。

2. 工业历史地段的复兴策略和实例研究

《生产场地：后工业景观的反思》一书收集了对工业历史地段景观环境设计、更新改造、设计实施等多个领域的战略、技术措施研究和实践成果，对于了解世界后工业景观设计方面的理论、策略和技术手段具有重要的参考价值。

《关于机器工厂适应性再利用的建议》通过研究已成功融入现代建筑的工业建筑再利用项目和拟改造项目，提出适合于工业建筑形式、空间形态和规模的适应性策略。

《工业建筑：保护与更新》结合船坞、港口、机场等老工业建构筑物和场所的保护再利用案例分析，系统阐释了老工业建筑保护与更新的思想理念，认为老工业建构筑物保护再利用成功的关键在于适宜的新功能引入。

《从废墟中崛起：放弃与参与之间的后工业地段》一书中通过对西雅图煤气厂公园（Gas Works Park）、北杜伊斯堡景观公园（Landschaftspark Duisburg-Nord）、拜斯比公园（Byxbee Park）、烛台点文化公园（Candlestick Point Park）四个工业景观公园对比分析，强调了场地和设计的“临时性”特征，以及设计中应综合考虑其文化、社会、经济、生态的联系以及内涵，旨在于将场地设计成“适于居住的”（inhabitable）。

《工业景观：铁桥峡谷的变化模式》一书研究了工业革命发源地英格兰铁桥峡谷工业地段的保护与再利用，通过对原有的工业遗产进行保护、恢复遭受破坏的生态环境和建造主题博物馆等形式，形成了占地达 10 平方千米，7 个工业纪念地和博物馆、285 个保护性工业建筑为一体的旅游目的地。

《摩根公园：德卢斯，美国钢铁公司和企业城镇的铸造》记录了美国钢铁公司在明尼苏达州德卢斯钢铁厂的发展、衰败、更新的历程，以及这里如何从一个繁荣的钢铁城镇转变成一个以旅游为主的遗产公园。

《罗马尼亚技术和工业遗产的再利用模式》选取四个罗马尼亚工业遗产再利用项目，探讨施工方的技术策略和资本手段与改造为博物馆类建筑的质量优劣的关系，以及多样化功能改造的可能性，提出保护工业遗产应该被纳入经济区域政策和国家发展规划的建议。

《采矿景观：文化旅游的机会还是环境问题？以西班牙拉乌尼翁矿区为例》介绍了西班牙拉乌尼翁矿区的改造方法，通过挖掘场地的文化内涵，发展工业旅游，在保护地区特色和工业历史的基础上提高城市的经济活力，推动城市经济的再发展。

3. 老工业用地生态修复和污染治理研究

工业历史地段的生态修复是发达国家研究的重点内容之一。《再生景观设计手册》立足于城市或场地景观，重点从生态学的角度列举了工业废弃地、垃圾填埋场、污染的河道等大量场地修复的案例。

《多伦多市棕地的再开发：对过去趋势和未来前景的检验》一文通过对多伦多案例分析和对项目参与者访谈，研究了加拿大棕地改造成绿地空间这一策略，并介绍了改造过程中的主要障碍、进程，指出绿地空间为城市社区和文化带来的优势，并研究详细的规划进程。

《新鲜的弗莱士公园——有生命力的景观》一文分析了美国最大的弗莱士垃圾场改造成公园的过程，这一公园改造项目通过 30 年的时间，依靠自然演化、农作物种植、生境营造，以及大地艺术等手段实现了场地的更新。

此外，还有《污染土地及其再开发》《污染土地：问题和应对》《污染土地的修复》《污染土地：再开发的实践和经济》《污染地段的生态风险评估》《基于风险的污染地段投资和评估》等著作深入到技术层面，探讨“棕地”开发的污染处理与环境安全问题。

整体而言，这些成果主要是基于西方文化背景下的工业历史地段更新展开的研究，其理论和方法对中国工业历史地段保护更新具有重要参考价值和启示，但因东西方文化背景、社会制度的差异以及经济发展阶段的不同而不能简单地生搬硬套。

（二）国内研究综述

我国工业历史地段保护更新方面研究和实践起步较晚。早期主要在集中在历史、社会、经济与地理学界的研究，主要研究成果包括《工业区位理论》《中国现代工业史》《中国工业地理》《中国老工业基地改造与振兴》《老工业基地改造与体制创新》《新中国工业的奠基石——156项建设研究（1950—2000）》《中国近代工业发展史（1840—1927年）》等。这些研究从侧面勾勒出我国工业历史地段形成发展的基本轮廓，对于我们更好地理解工业历史地段形成的历史背景和时代特征提供了直观的资料。

21世纪以来，特别是2006年"世界遗产日"无锡会议后，我国关于工业历史地段更新规划设计和工业遗产保护利用的研究和实践逐渐增多，代表性论著包括《后工业时代产业建筑遗产保护更新》（王建国等，2008）、《城市工业用地更新与工业遗产保护》（刘伯英，冯钟平，2009）、《大城市老工业区工业用地的调整与更新——上海市杨浦区改造实例》（李冬生，2005）、"中国现代新兴工业城市规划的历史研究——以苏联援助的156项重点工程为中心"（李百浩等，2006）；此外，在城市整体层面和地段层面，北京、上海、杭州、南京等地都进行了大量工业历史地段保护更新的实践，积累了一定的经验。

1. 工业历史地段的价值与特征研究

在对工业遗产价值认识和保护方面，清华大学刘伯英教授有较为系统的研究成果，他在《城市工业用地更新与工业遗产保护》一书认为，工业遗产除了文化遗产所具有的历史价值、科学价值、艺术价值外，根据工业遗产的特性，还具有文化价值、社会价值和经济价值。他的《工业遗产的构成与价值评价方法》一文回顾了工业遗产研究和保护的历史，归纳出工业遗产保护的国际组织、纲领性文件；对工业遗产的定义、构成、类型、特征和价值等工业遗产的内涵进行了论述；提出了我国工业遗产的保护体系和城市规划管理体系。他还在文章《北京工业遗产评价办法初探》中对北京工业遗产的价值所在、评价标准、分类方法等进行了探讨，为其他城市工业遗产的评价提供了积极借鉴。

针对工业遗产的价值评价，还有许多学者从多种角度进行了研究，建构了不同的价值评价方法。寇怀云的论文《工业遗产技术价值保护研究》从工业遗产的产生背景和保护的理论基础着手，分析了工业遗产的价值构成，明确提出工业遗产保护的核心在于技术价值的保护，从而建立工业遗产价值评价和保护评价体系。郝珺等的《工业遗产地的多重价值及保护》从历史范畴、艺术范畴、科学范畴三个方面阐述了工业遗产的价值和保护，并介绍了国外工业遗产地的改造及保护方式，为我国工业遗产地的保护及规划设计提供了参考。张毅杉等的《城市工业遗产的价值评价方法》运用生态因子评价法建构了城市工业遗产的价值评价体系，综合评价城市工业遗产，着重解决城市工业遗产的认定与分级，明确城市工业遗产的具体保护对象，最后提出针对不同的保护级别，选择合理的保护途径与方法。张健等的《工业遗产价值标准及适宜性再利用模式初探》在总结了前人研究的基础上，建构了符合中国国情的工业遗产价值构成体系，并根据其价值将工业遗产分为四个等级，在分级的基础上选择与之适应的再利用方式。季宏等的《工业遗产科技价值认定与分类初探》提出，工业遗产价值的研究中对科技价值的重视程度不够，认为“工业建筑遗产是工业遗产的一部分，用工业建筑遗产的技术价值代替工业遗产科技价值或者将两者混为一谈是评估工业遗产整体价值的误区”，并将工业遗产的科技价值根据其载体的不同分为四类。

2. 工业历史地段的保护与再利用研究

对工业建筑和工业地段的保护与再利用是近年来学界研究的热点。刘伯英的《城市工业用地更新与工业遗产保护》作为国内较早将城市工业用地更新与工业遗产保护的关联性展开进行论述的专著，使中国工业遗产研究开始正视保护、工业用地更新与产业结构调整之间的密切关系，努力摆脱建筑规划专业的学科局限性，重新定位中国城市工业用地更新的战略视角。常青在其著作《建筑遗产的生存策略：保护与利用设计实验》中，通过完成一系列称之为“保护性设计实验”的研究项目，探寻包括工业遗存在内的建筑保护性改造的措施。王建国在《后工业时代产业建筑遗产保护更新》提出了城市更新中产业建筑的再利用分析评估及开发模式，研究了作为历史建筑的产业建筑改扩建的空间形态、技术方式，并提出对整个产业地段的改造和城市再设计。

在我国一些老工业城市，对工业地段的保护利用有较为成熟的研究和实践。李冬生的《大城市老工业区工业用地的调整与更新——上海市杨浦区改造实例》通过对上海市杨浦区工业历史地段更新案例的深入研究，从城市规划层面给出更新调整策略，提出将产业规划与工业用地更新进行统筹。哈静等在《基于整体涌现性理论的沈阳市工业遗产保护》中提出运用整体涌现性理论对沈阳工业遗产进行保护，根据遗产价值的不同，将保护分为“绝对保护、利用性保护、改造性保护”三个级别。胡英等的《旧工业建筑的

保护和改造性再利用——沈阳重工机械厂矿山设备车间再生模式》研究了沈阳重工机械厂矿山设备车间的再利用模式，指出了其作为工业博物馆的可行性和有益性，并详述了设计思路和改造策略。许东风的论文《重庆工业遗产保护利用与城市振兴》，以老工业城市重庆为研究对象，从文化遗产学、历史学、建筑学、城市规划学等学科，探讨构建重庆工业遗产保护的理论及实践方法。

当前，工业遗产一般是被列为文物保护单位或历史建筑进行保护的，尚未成为我国法律体系中的独立概念，一些学者也针对工业遗产的立法等相关问题进行了研究。聂武钢的《工业遗产与法律保护》对现阶段我国工业遗产的保护再利用在现有法律框架下推进时出现的问题及相关进展进行了探讨。李莉的《浅论我国工业遗产的立法保护》从科研、工业遗产的价值和法律几方面探讨了立法保护工业遗产的重要性，指出了目前我国工业遗产保护所存在的四大问题，以及立法模式的设想。丁芳等的《中国工业遗产的法律保护研究》提出我国缺少工业遗产保护的相关法律体系，在相关法律出台以前，建议各地应根据自身情况制定遗产保护的地方性法规、政策，规范工业遗产的保护和利用确保保护为主，防止过度开发。

3. 工业历史地段景观设计研究

工业景观设计作为景观设计学研究领域的一个组成部分，在对工业场地既存要素的整理上，更加关注如何修复场地的生态环境，以景观的手法对场地加以再利用。从 1863 年巴黎将一座废弃的石灰石采石场和垃圾填埋场改造为风景式园林开始，西方国家对于工业历史地段景观的改造一直在不断的探索中。孙晓春等在《构筑回归自然的精神家园——美国当代风景园林大师理查德·哈格》一文中对美国风景园林大师理查德·哈格的西雅图煤气厂公园这一划时代的作品进行了分析，认为他“在利用中合理保护”的做法值得我们在城市化进程中遇到类似的工业地段改造学习和借鉴。王向荣在《生态与艺术的结合——德国景观设计师彼得·拉茨的景观设计理论与实践》中介绍了当代德国景观设计大师彼得·拉茨在工业遗产地景观规划设计上的两个代表作——杜伊斯堡风景公园和萨尔布吕肯市港口岛公园，指出当代景观设计师应该大胆探索并使用能“体现当代文化的设计语言”。郭洁的《更新、再循环、再利用到景观的重生》认为杜伊斯堡公园和西雅图炼油厂公园这样的典范，对我国的城市化进程和西部开发过程中的景观设计具有一定的现实意义，虽然不符合传统审美观念，但一样可以艺术化利用和设计，赋予它新的美学意义，其景观的“艺术震撼力使人们重新思考公园的定义”。杨锐在《从加拿大格兰威尔岛的景观复兴看后工业艺术社区的改造》中通过对加拿大温哥华格兰威尔岛景观复兴项目的分析，从规划布局、复兴模式、文化传承几方面总结了该项目成功的因素，对我国类似地区的改造具有借鉴意义。

我国工业历史地段的景观改造中影响较大的案例是在弃置的粤中造船厂旧址上建成的中山岐江公园。贺旺等在《“人·船·海”特色滨海景观的创造——威海市金线顶公园规划设计构思》中介绍了威海市金线顶公园的设计构思，探讨了如何充分利用废弃船厂（船厂）的场地与设施，将工业元素转变为新的兴奋点，创造富有特色的滨海景观。张艳锋等在《老工业区改造过程中工业景观的更新与改造——沈阳铁西工业区改造新课题》中对沈阳铁西工业区的景观构成进行了分析，认为“当年最无文化色彩，最缺少时代特征的工业景观”，今已成了沈阳城市景观的重要视觉元素，并提出了具体的处理手法。

4. 工业历史地段转型升级与城市空间结构优化研究

在我国，对于工业历史地段的利用形式还比较单一，以工业建筑的利用为主，常见的利用模式是创意产业园、艺术家工作室等。有学者认为除了空间的重塑和设计手法的创新以外，还要从社会、经济、生态等角度进行多方面的研究，要将工业历史地段的复兴上升到城市发展的高度去考虑，将工业地段转型融入城市产业及空间结构调整的过程。

阳建强等的《郑州西部老工业基地更新规划的整体研究》从城市整体发展和历史文化保护的角度分析了郑州老工业基地保护的战略意义，探讨了郑州老工业基地更新改造的功能定位，并选择重点地段就总体布局与空间形态方面展开了概念性城市设计研究。张毅杉等的《塑造再生的城市细胞——城市工业遗产的保护与再利用研究》（2008）提出城市工业遗产作为城市中再生的细胞，其不断演进将成为城市的新的功能空间，或是涅磐为“混合功用”的城市，与其他的城市功能与空间相互渗透、交织，发生了能量交换，是城市或地区其他功能的补充、驱动点抑或焦点。罗能在《对工业遗产改造过程中一些矛盾的思考》（2008）中对工业遗产改造中物质与非物质的矛盾、历史与当代的矛盾、工业遗产与城市结构的矛盾、工业污染与生态的矛盾、保护政策的制定与执行的矛盾等进行了思考，提出了有助于系统改造工业遗产的建议。施卫良等在《北京中心城（01–18片区）工业用地整体利用规划研究》（2011）中，结合北京市工业结构调整面临的实际问题与机遇，探讨北京城市空间调整、更新、改造、利用与发展的思路，在空间转型同时提出了工业遗产保护管理等内容。

总体来看，当前我国在规划设计领域逐步重视工业历史地段的保护更新，在具体的

实践中也取得了一定的成果。但是，在规划层面对于工业历史地段的土地转换机制、生态修复、工业遗产核心价值保护等方面的研究还不足以支撑存量时代大量工业历史地段保护与更新的实际需求，亟需在理论、方法、技术等方面进一步提升。

三 研究目标

本书充分利用中国城市规划设计研究院的规划视角和综合专业优势，以我国工业发展历程梳理、现状特征及问题分析为切入点，系统总结我国工业化发展脉络的典型特征，结合北京、上海、南京、沈阳、郑州、洛阳、柳州、杭州、九江等城市的案例，剖析我国留存的工业历史地段的空间类型特色，整理当前我国工业历史地段保护更新的类型模式、实施路径、组织方式及存在的突出问题。以此为基础，在新时代城市功能转型和文化特色提升的背景下，分别从“保护”和“更新”两大方面，构建我国工业历史地段保护更新的方法体系。

保护方面，充分借鉴文化遗产价值认知的常规方法，并结合工业历史地段的特殊性，探索形成针对工业历史地段特征的综合价值评估系统方法，分析工业历史地段的价值构成，建立工业历史地段的保护体系框架。

更新方面，分别从社会经济转型、空间结构优化、生态环境修复、文化传承复兴等方面，研究建立工业历史地段更新的主要目标、更新规律、更新模式、策略措施等内容，形成工业历史地段更新的方法体系。

四 概念解析

1. 工业遗产

国际工业遗产保护协会在《下塔吉尔宪章》中定义的工业遗产是指工业文明时代遗留的具有历史的、社会的、建筑的或科学技术价值的文化遗存。其中包括车间、厂房、

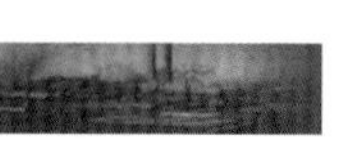

仓库、机械设备、选矿冶炼的矿场矿区、能源生产输送和利用的场所以及与工业相关的社会活动场所，如住宅、宗教和教育设施等。但工业遗产的概念较多局限在工业遗存本身，较少从工业地段整体来考量。

2018年工信部印发的《国家工业遗产管理暂行办法》中提出了“国家工业遗产”的定义，即指在中国工业长期发展进程中形成的，具有较高的历史价值、科技价值、社会价值和艺术价值，经工业和信息化部认定的工业遗存。并明确了国家工业遗产核心物项是指代表国家工业遗产主要特征的物质遗存和非物质遗存。物质遗存包括作坊、车间、厂房、管理和科研场所、矿区等生产储运设施，以及与之相关的生活设施和生产工具、机器设备、产品、档案等；非物质遗存包括生产工艺知识、管理制度、企业文化等。

2. 工业历史地段

历史地段是国际上通用的概念，按照《历史文化名城保护规划标准》（GB/T 50357—2018）的定义，历史地段是指能够真实地反映一定历史时期传统风貌和民族、地方特色的地区。

工业历史地段通常是指在工业化发展过程中形成的对城市经济产生过重要影响的工业地段和区域[①]，一般包括工业生产、仓储、运输等场地。工业历史地段大多建设于城市中区位较好的位置，在工业化时期自身配套设施齐全，具有较高的政治、社会、经济、情感与美学等方面的综合价值。但是在城市发展转型的过程中，这些地段大多已经停产或搬迁至新的工业园区内，地段面临不同程度的物质性和功能性衰败，成为城市可更新再可利用的存量用地。

3. 城市更新

城市更新是存量时代城市发展和提升的一种调节机制，一般通过不断改造城市空间、功能和结构等方式，促进土地资源有效配置和合理利用，增强城市系统功能，提升城市活力，改善人居环境，促进城市不断适应社会经济发展的需求。随着我国城镇化进程的加快和存量时代的到来，城市更新已逐渐成为城市社会经济发展的重要抓手，其内容日益广泛综合，内涵不断扩展，涉及社会经济发展、城市空间修补、生态环境修复、生产

① 本研究所界定的“工业历史地段”不涉及改革开放以后出现的乡镇企业地段。

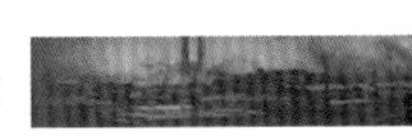

生活方式转变、文化遗产保护利用等多个方面。本书研究对象——工业历史地段的保护更新是城市更新的重要类型，本书正是基于综合整体的城市更新思想开展的。

五 研究框架

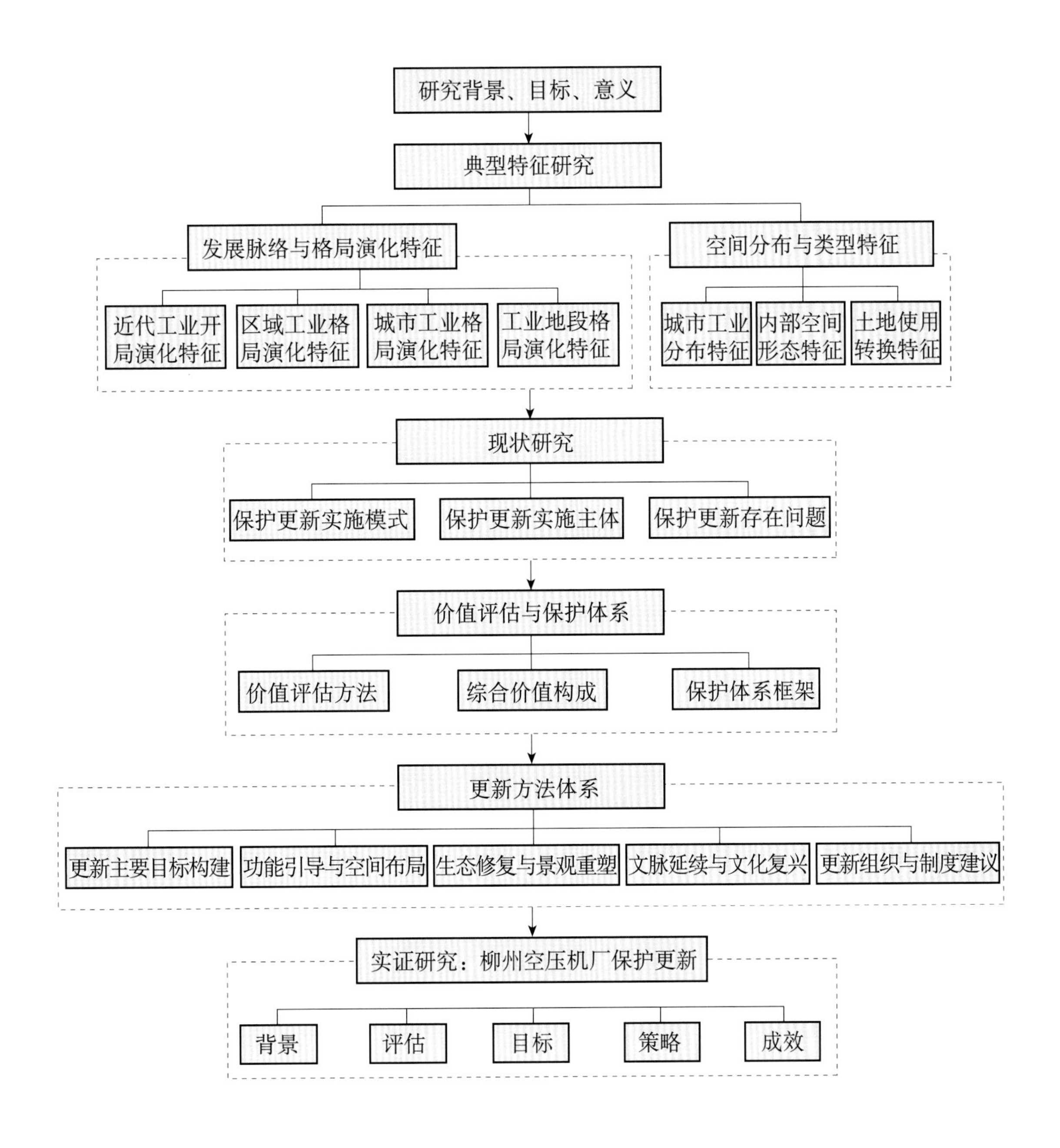

第二章

我国工业发展脉络及格局演化特征

与西方世界不同，近代工业化是以极为突兀的方式“空降”到中国的。在长达两千多年的历史中，中国控制着东亚广大地区的政治经济活动，为周边列国提供了一套完整的基于农耕文明的社会生活制度规范。西方的坚船利炮击破了中国传统的生产生活方式和文化准则，由此，中国开启了跌宕起伏、波澜壮阔的近代史。伴随西方势力大规模进入的基于工业文明的社会经济制度，与中华传统文化“基因”显得格格不入，清廷大部分官员认为“一旦欲变历代帝王及本朝列圣体国经野之法制，岂可轻易纵诞若此”。

同时，西方资本与技术的进入也唤起了少数有识之士的觉醒，李鸿章指出：“我朝处数千年未有之奇局，自应建数千年来未有之奇业。若事事必拘守成法，恐日即于危弱而终无以自强”，轰轰烈烈的洋务运动在几乎举国的反对声中开始了艰难的探索。甲午败局刺激了洋务运动的进一步发展和民族工业的诞生。此后，中国先后经历了北洋时期民族工业的繁荣、国民政府时期国营工业的崛起、新中国初期社会主义工业的大规模建设和三线时期工业的重新布局、改革开放后工业化与城镇化的齐头并进等阶段，奠定了中国今日工业大国的基础，也为人类工业文明发展和社会进步提供了独特的中国样本。

一　近代工业开局：打开国门和救亡图存的产物

（一）文明碰撞中的近代工业化艰难起步与发展

近代工业文明在中国的植入与生根，经历了由被动到主动的极其波折的历史过程。始于1860年代的洋务运动是中华民族从千年农耕文明向近代工业文明主动转型的“奋力一跃”。但工业文明与基于农耕文明的中华传统文化“基因”产生了严重冲突，铁路、电线这些工业文明的重要标志在中国却被认为是“惊民扰众、变乱风俗、破坏风水”的有害之物而遭到强烈抵制，“很多中国人认为铁路会破坏人类与自然的和谐，它们长长地切开大地，破坏了正常的节律，转移了大地仁慈的力量，它们还使道路和运河工人失业，改变了业已形成的市场模式”。大部分官员认为修铁路会破坏千年的男耕女织的农耕经济模式，会引发新的社会动荡[①]。从1860年到1890年，修铁路之议在清廷争论不休，截至1891年，偌大的中国铁路总计仅360千米而已[②]。

1894年中日甲午战争的败局给中华民族以极大的刺激与警醒，梁启超认为：“唤起吾国四千年之大梦，实则甲午一役始也。”从此，洋务运动进入了新的阶段，民间工业快速崛起，据相关资料统计，1895年到1898年，全国各省新开设的资本万两白银以上的厂矿共计62家，资本总额为1246.5万两，远远超过甲午战争之前二十余年的总和。从增长速度来看，平均每年设厂数量超过甲午战争前的7倍，每年投资数额超过15.5倍。

总之，洋务运动艰难地开启了中国的工业化进程，取得了历史性的成就。洋务运动时期影响最大的企业有11个，分别是江南制造局、金陵制造局、天津机器局、福州船政局、轮船招商局、开平煤矿、漠河金矿、汉阳铁厂、上海机器织布局、湖北织布官局和天津电报总局。这些企业奠定了中国近代的工业化基础。

北洋时期，延续了数千年的封建帝制土崩瓦解，民主共和的思想逐渐深入人心，中

① 1876年，英商怡和洋行在上海修建了中国第一条铁路——吴淞铁路，长度14千米左右，但在国内引起轩然大波。清政府最终花费28.5万两白银将其购买后，当即宣布拆毁。

② 同时期，日本全境铁路总长度已经超过3300千米，美国铁路总长度26万千米。

南京金陵机器制造局（一）

来源：《南京市工业遗产保护规划》

南京金陵机器制造局（二）

来源：《南京市工业遗产保护规划》

国掀起了继洋务运动后的第二次工业化高潮，民营资本集体崛起并大兴实业，一大批新兴企业家登上历史舞台，民间工业空前活跃并控制了纺织、面粉等重要的民生领域，中国轻工业与服务业的布局初现端倪，近代民族工业的基础逐步形成。据计算，1912 年到 1920 年中国的工业增长率高达 13.4%，1923 年到 1926 年也达到 8.7%，增长速度领先于同时代各国。

1927 年南京国民政府成立，1928 年军阀混战结束，国民政府实现了对中国形式上的统一。从 1928 年起，国民政府制订了一系列建设的计划、方案、大纲，大力发展国营经

汉阳铁厂（一）
来源：汉阳铁厂与张之洞博物馆

汉阳铁厂（二）
来源：汉阳铁厂与张之洞博物馆

济，创办了大量冶金、化工、电气、燃料、军工等国营企业。1928 年到 1937 年的中国工业增长率平均维持在 9% 左右[①]，是近现代中国发展最快的时期之一，这十年被称为经济发展的“黄金十年”。到 1937 年，中国约有现代工厂 4000 个、铁路总里程约 1 万多千米、公路总里程 11.6 万千米、民用航空线路 12 条、电话线 8.9 万千米，中国俨然已经具备一个近代工业化国家的基本雏形。

① 按照一些学者的计算，工业增长率在 1912—1920 年高达 13.4%，1921—1922 年有短暂萧条，1923—1936 年为 8.7%，1912—1942 年平均增长率为 8.4%，整个 1912—1949 年，平均增长率为 5.6%。

1936 年的首都电厂（一）
来源：《南京市工业遗产保护规划》

1936 年的首都电厂（二）
来源：《南京市工业遗产保护规划》

1938 年的江南水泥厂
来源：《南京市工业遗产保护规划》

（二）依托通商口岸和线性交通要素形成“北重南轻”格局

晚清以来，中国的工业主要偏重于沿海沿江通商口岸，随着近代铁路的大力修筑和工业建设的深入，重要铁路沿线城市因便捷的交通优势带来了工业生产要素的聚集，近代工业格局由早期单一的沿海沿江通商口岸逐步向内陆铁路沿线城市渗透。

郑州就是这一历史变迁的典型，1906 年到 1908 年，京汉铁路和汴洛铁路（陇海铁路前身）相继修筑，交会点上的郑州，由一座普通的县城摇身变为近代中国铁路的第一个“十字路口”，迅速成为全国重要的棉花中级市场、中原和西北商品运销的中转站，1920 年代郑州呈现“轨道衔接，商民辐射，财富荟萃”的繁荣景象，风光一时无两，堪与之相比的仅有上海、汉口等寥寥几座城市。这一时期郑州近代工业随之蓬勃发展，平汉路机务修理厂、电务修理厂、明远电厂、豫丰纱厂、德成制皂厂、新华等制皂厂、德丰面粉厂等近代工业企业相继诞生。郑州铁路枢纽的优势在新中国时期对城市工业发展影响更为巨大，直接促成郑州成为新中国“新型工业基地”和河南省省会。

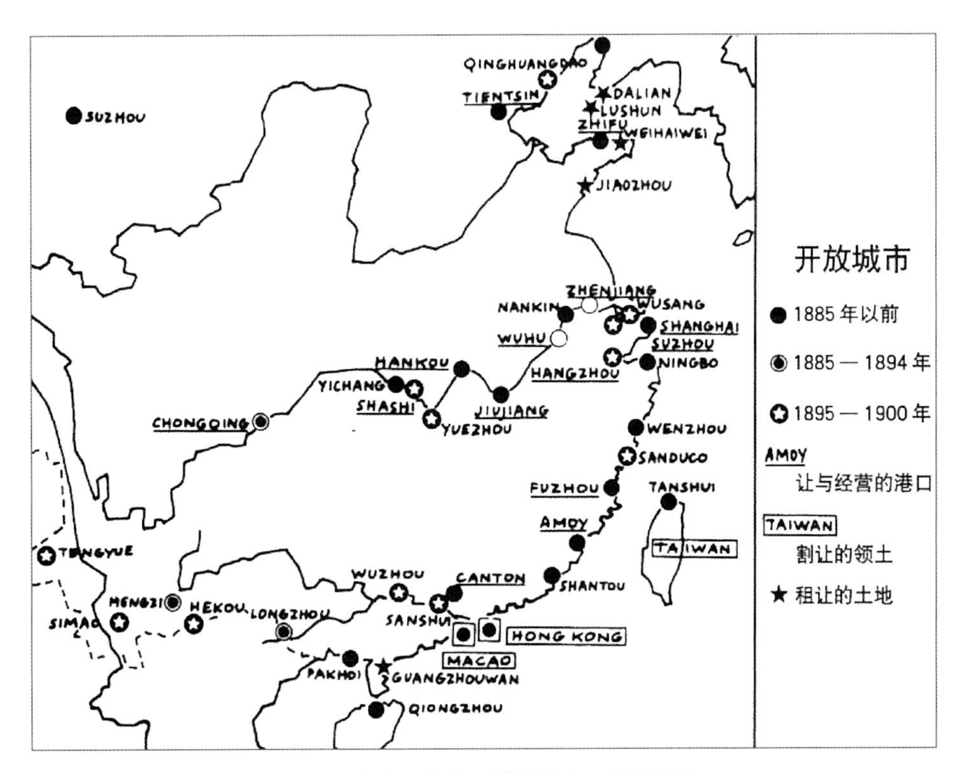

19 世纪末我国被迫开放的通商口岸和城市

来源：《重建中国——城市规划三十年》

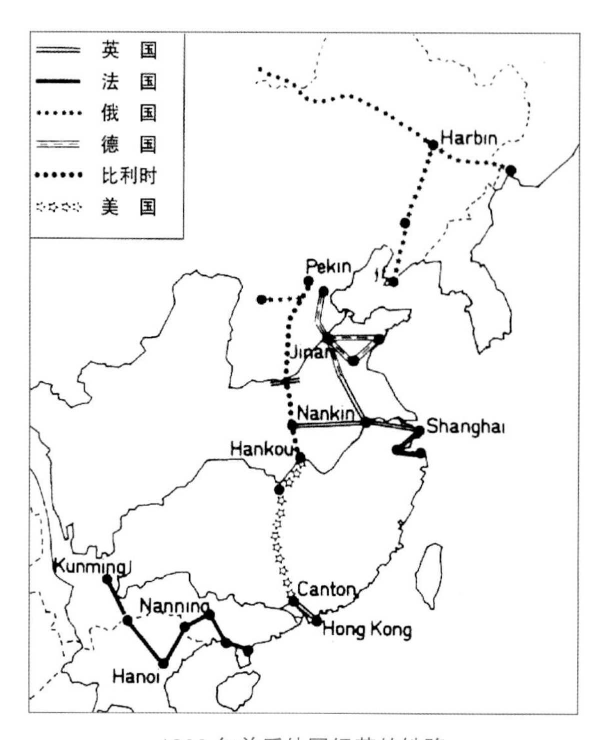

1900 年前后外国经营的铁路

来源：《重建中国——城市规划三十年》

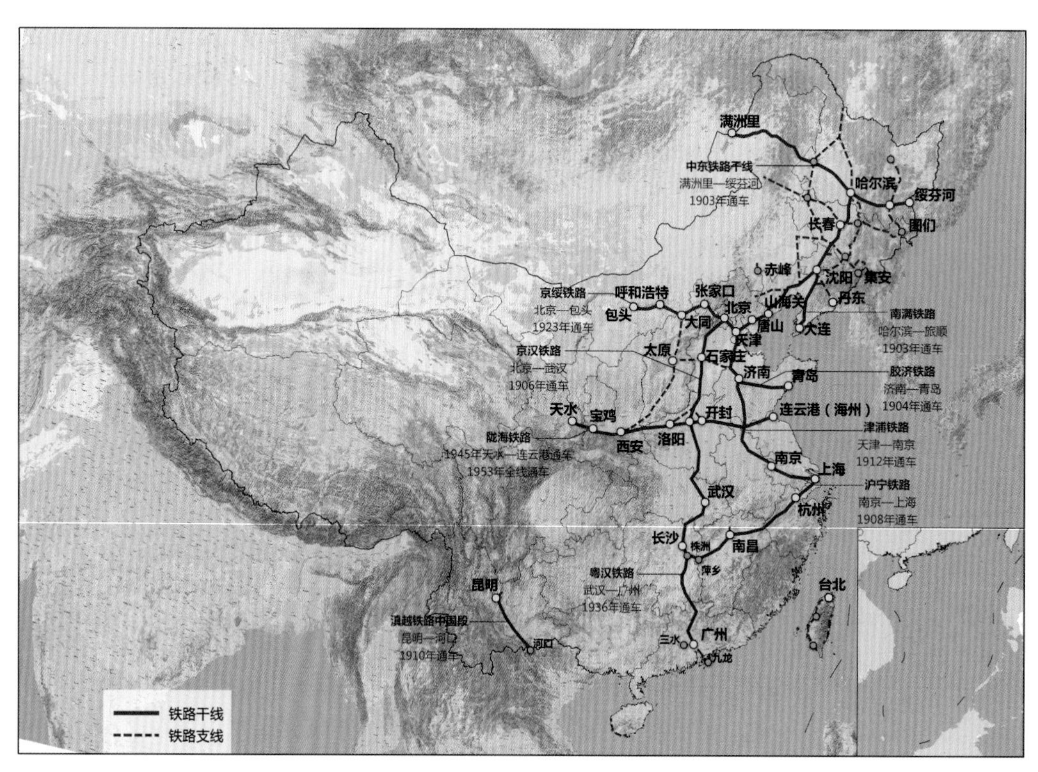

中国近代铁路总体分布示意（1945 年前后）

来源：作者绘（底图来源于中国测绘网）

1945年抗日战争胜利后，中国的工业经济格局发生了显著变化。东北地区的重工业赫然崛起，其工业产值约占当时中国工业总产值的85%[①]，不仅远超战前中国的经济中心——上海，甚至超越了日本本土的工业规模，一跃成为亚洲最大最重要的工业基地[②]，出现了精细化学、特种钢等世界领先的工业企业，1945年，东北三省的铁路总里程长达11479千米，占中国铁路总里程的一半左右。与此同时，以上海为中心的长三角地区仍然保持中国重要的工商业中心地位，但唯一性逐渐丧失，南方地区的香港和广东成为新的工商业贸易和金融中心，中国版图上“北重南轻”的工业新格局逐渐成型，在此后近半个世纪中国的产业空间经历多次大变迁，但仍未跳出这一格局。

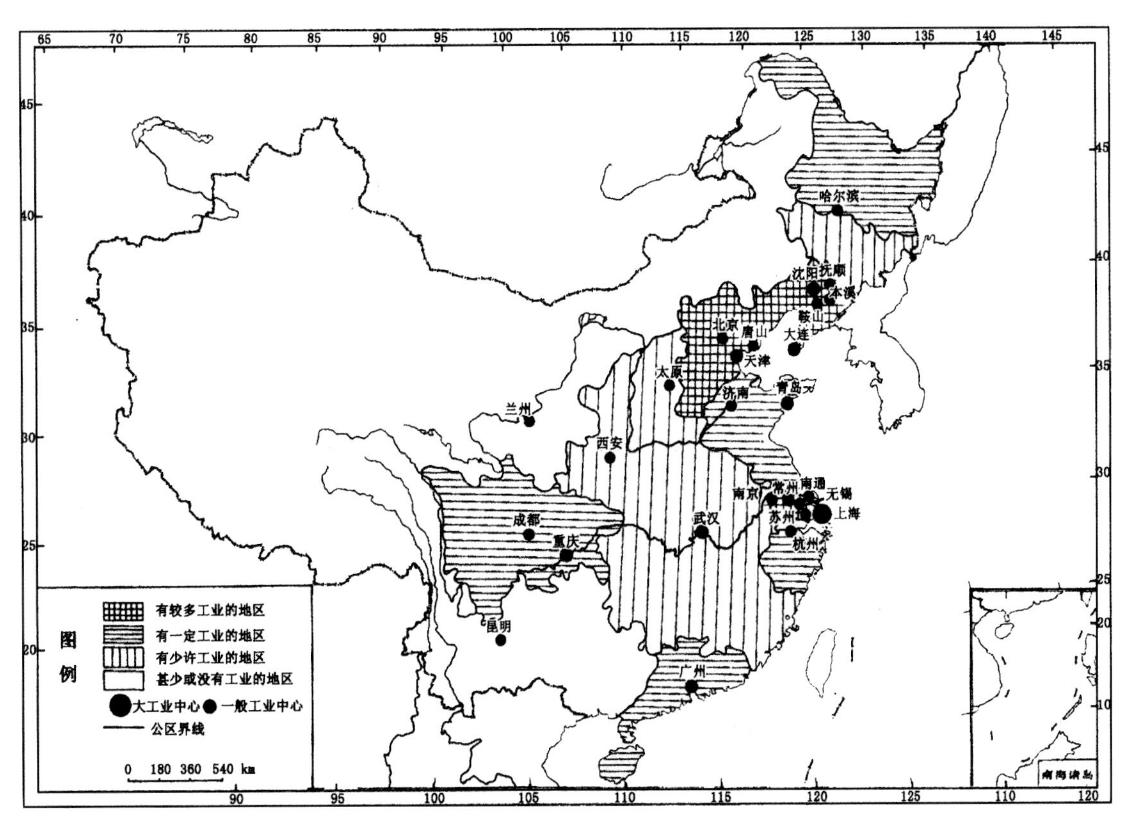

中国近代主要工业分布图

来源:《中国工业分布图集》

① 据曲晓范的计算，1945年抗战结束时，全中国的工业总产值中，东北占85%，台湾占10%，连年内战的其他地区只占5%。

② 1943年，东北以占中国九分之一的土地和十分之一的人口，生产了占全国49.4%的煤，87.7%的生铁，93%的钢材，93.3%的电，69%的硫酸，60%的苏打灰，66%的水泥，95%的机械。

（三）城市工业聚集于交通便利区域

近代城市中的工业区布局重点考虑交通连接、运输等要素，主要集中在城市中陆运、水运便利的区域，各城市的工业基本都沿河、沿江、沿铁路聚集。1926年国民政府制订的《南京市政计划》中指出“工业之盛衰全视水陆交通便利与否以为断”，明确把交通作为工业发展的先决条件，这一时期南京的大型工业均布局于下关江口滩涂广阔、水深适船之处，并与津浦沪宁等铁路相互通达。

武汉居长江、汉水交汇处，自古水运交通便利，有“九省通衢”之美誉，也是中国近代工业的发祥地之一。1861年汉口开埠后，各国租界区沿江建设了大量工厂和码头。1898年武汉地区最早铁路——汉口玉带门至滠口段通车以及1906年汉口至北京全长1212.5千米的京汉铁路全线通车，进一步带动了城市工业区向铁路沿线聚集。

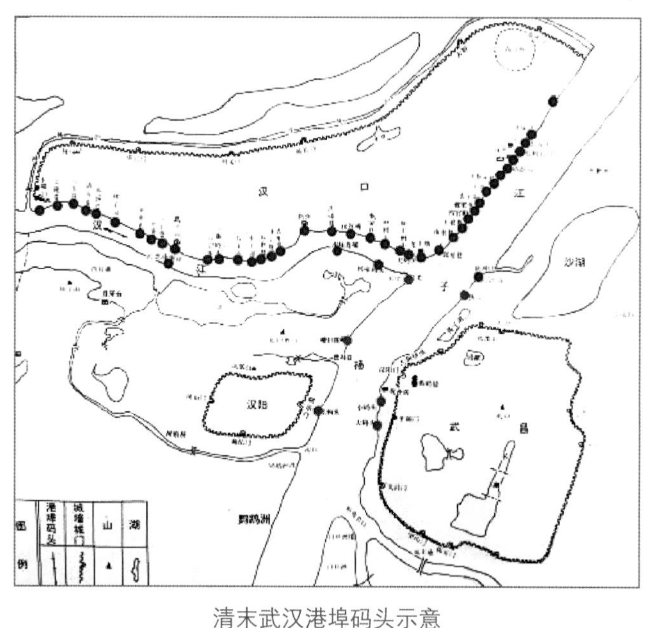

清末武汉港埠码头示意

来源：作者根据《武汉市志》附图绘制

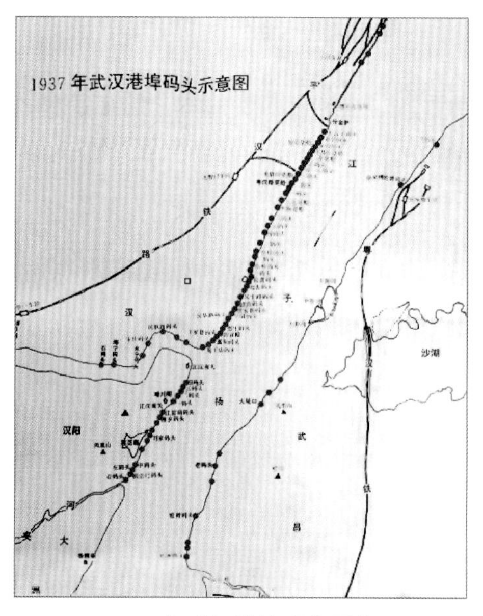

1937年武汉港埠码头示意

来源：作者根据《武汉市志》附图绘制

民族工商业重镇无锡的近代工业主要沿大运河两岸密集分布，包括振兴、广勤、申新第三、庆丰、丽新、协新、天元等纱纺厂，茂新、泰隆、惠元、宝新等面粉厂，永泰、华新等丝厂，以及制罐厂、造纸厂、油厂、碾米厂、水泥厂等多个行业的工厂。运河沿岸形成“烟囱林立，蔚然大观”的繁荣气象。

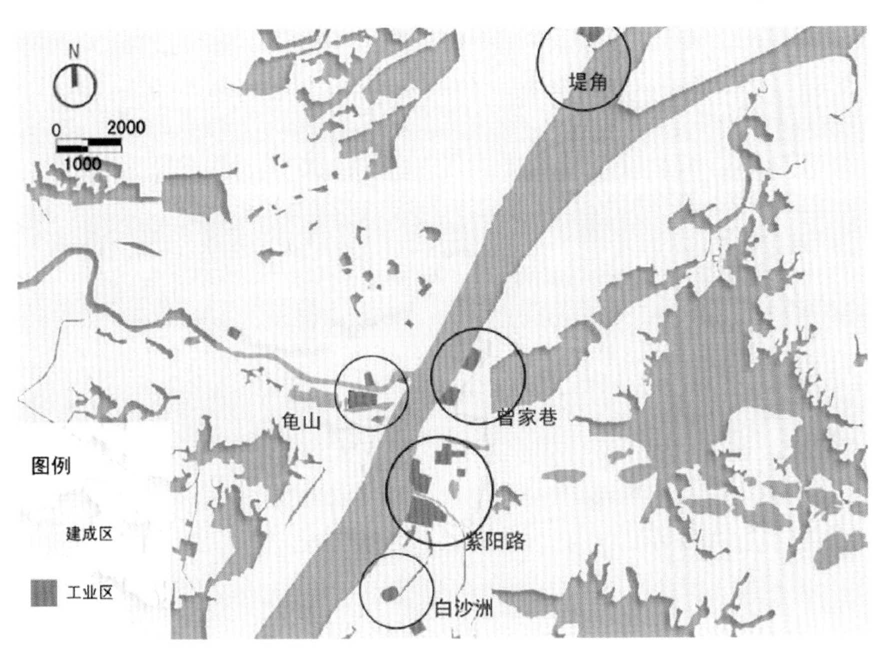

1927 年武汉市建成区与工业区关系

来源：作者绘

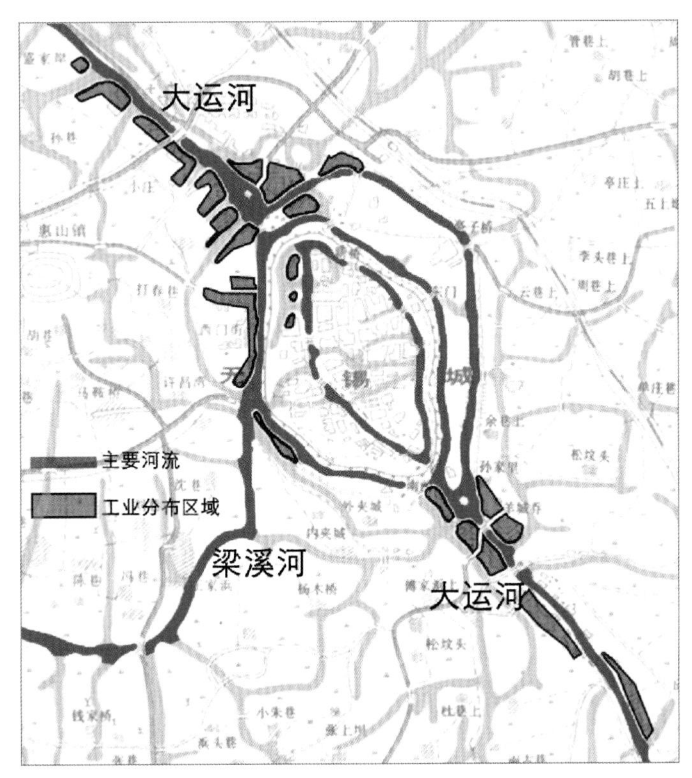

1916 年无锡主要工业分布

来源：作者绘

中国最早的民族工业——无锡茂新面粉厂（1900）

来源：民族工商业博物馆

（四）工业文明带动传统城市转型

近代工业化同时带来了西方城市规划理论，基于农耕文明的传统营城思想被逐步打破，工业以及与之相配套设施的建设和拓展，为城市空间和功能的发展演化提供了新的动力。1928 年国民政府编制的《首都大计划》运用现代城市规划方法对南京的城市分区、道路交通等进行系统规划[①]。随后 1929 年编制的《首都计划》引进了当时欧美城市规划理论方法，提出以“欧美科学之原则”与“吾国美术之优点”结合的思想，开中国现代城市规划之先河。规划布局摆脱了以皇宫为中心，轴线对称的传统形制，布置了新街口、夫子庙、下关等城市中心，采用放射状与方格网结合的路网模式，迎接孙中山灵柩而修建的迎榇大道——中山大道是当时世界第一长街和中国第一条现代化城市道路，被誉为“民国子午线”。

① 《首都大计划》将城市分为七个功能区：旧城、行政、住宅、商业、工业、学校、园林；规划多条城市道路，划分为 50 米、40 米、30 米、24 米四个等级。

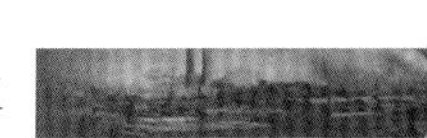

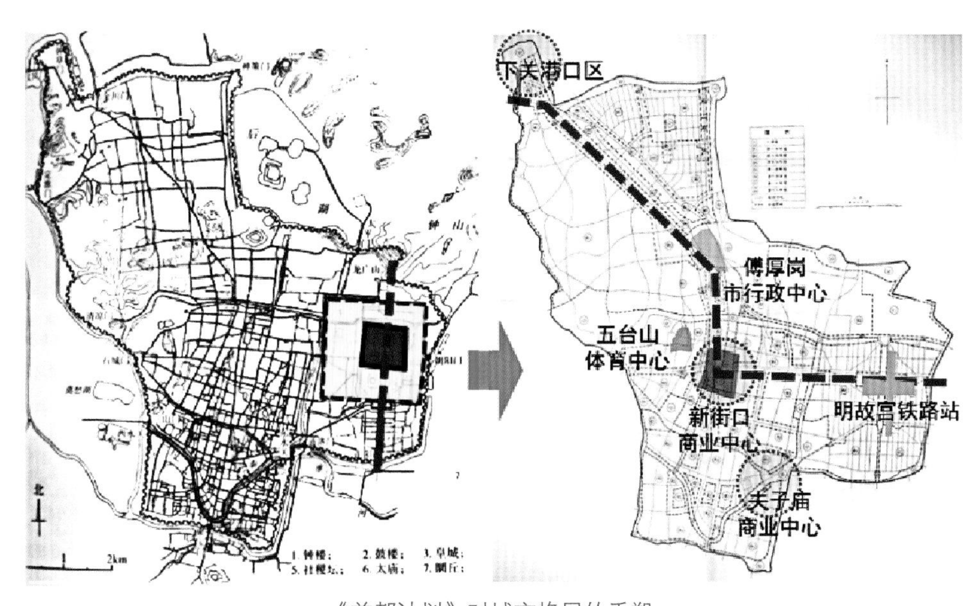

《首都计划》对城市格局的重塑

来源:《南京历史文化名城保护规划》

南通是近代工业文明主导下城市发展转型的典型样本，被吴良镛先生称为“中国近代第一城”。19 世纪末，晚清科举状元张謇以“舍身喂虎”的勇气弃政从商，短短数年内在家乡南通创办了大生纱厂等数十家企业。此后，张謇以实业为基础，在南通开农垦、发展交通、修水利、办教育、推动市政建设等，南通由一座普通的传统小县城逐渐发展为现代城市，并区别于租界、通商口岸等被动近代化的模式，成为自觉转型的代表性城市，堪称中国“早期现代化的试验田”，被梁启超誉为“中国最进步的城市”①。

南通的城市规划建设和管理经营中，充分体现了整体性、关联性、城乡协调发展等现代城市建设思想。首先，张謇将工业区布置于城西唐闸，港口区设置于长江边的天生港，狼山作为花园私宅和风景区，三者距老城各约 6 公里，构成以老城为中心的“一城三镇”空间格局，各组团分工明确，预留发展空间；第二，张謇十分注重公共设施建设和环境改善，南通出现了中国最早的师范学校、话剧剧场和图书馆，城区相继修建了东、西、南、北、中五个小型公园，谓之“五山以北五公园，五五对峙”；第三，张謇经营南通不仅局限于城市视角，而是在更大区域内谋求城、镇、乡的整体协调发展，他通过创建垦牧公司等手段试图为乡村的现代化发展寻找出路。在他的思想影响下，当时南通周边的如皋县沙元炳、金沙镇孙儆、盐城县凌钔智，都致力于振兴实业、筹办学校，卫星城镇基本格局俨然成型。

① 1922 年，北京和上海的报纸投票选举全国“最景仰之人物”，70 岁的张謇得票最高。

南通唐闸各实业工厂全景

来源:《张謇与南通“中国近代第一城”》

沈阳铁西区因位于南满铁路西侧而得名，是20世纪初日本占领东北后重点兴建的工业区，也是日本在海外经营的最大工业基地。1935年制订的铁西区规划完全按照西方城市规划理论进行整体空间布局和功能分区设置，工业生产功能和居住生活功能显著分开，形成了“南宅北厂”的整体布局特征和方格网状的道路交通系统。在工业功能区内部建设了专为工业生产所需的原材料及工业产品运输服务的便捷公路网络和铁路专用线。铁西区在新中国成立后依然是沈阳和中国最著名的重工业聚集区，被誉为“东方鲁尔”。

20世纪20年代沈阳规划图

来源：沈阳铸造博物馆

近代沈阳铁西区
来源：沈阳铸造博物馆

二　区域工业格局：国家重大战略布局的产物

晚清以来，中国的工业主要偏重于沿海沿江通商口岸和东北地区[①]，占国土面积三分之一的西北地区，近代百年间工业几乎一片空白，工业产值占全国工业总产值不足2%，直至新中国成立时，甘肃、宁夏、青海、新疆的广袤大地上未曾铺设一寸铁轨，近代区域工业分布的不均衡可见一斑。新中国成立以来，我国充分发挥社会主义制度集中力量办大事的优势，以国家发展战略的制定和实施为指引，大力推进工业化建设，国土空间尺度上的工业格局在国家战略引导下先后多次系统性构建与调整，形成了今日中国区域工业的基本形态。

（一）“156工程”：中国重工业基本格局的成型

1953年，百废待兴的新中国开始实施“一五”计划，其核心内容是苏联援助建设156个重大项目[②]，以此为引擎构建我国重工业的基础框架，重工业领域的投资占总投资额的85%。五年间，我国生铁的产量从1949年的25.2万吨增加到467万吨，增长了近

① 这一时期中国90%以上的发电站集中在几个大城市，其中东北占了全国发电量的三分之一。纺织产业中全国500万纱锭中的83.6%集中在江苏、山东、辽宁、上海和天津五地。

② “156工程”是一个统称，其中第一个项目实际上1950年已经开始动工，“一五”结束的1957年完成大半，其余延续到1969年，历时19年，实际建成项目150个，投资总额196.1亿元。

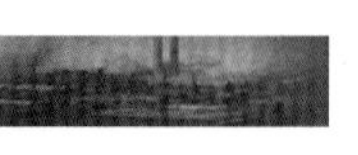

20倍。我国建成了汽车生产基地并制造出第一辆自主研发的解放牌汽车，架起了横跨长江天堑的第一座大桥——武汉长江大桥，武汉、包头等地新建了大型的钢铁厂，兰州建起了大型炼油基地，洛阳建设了第一拖拉机厂等等。“156工程”的实施使得近代以来中国工业分布不平衡的局面彻底改观①，新中国重工业结构和区域格局陡然成型。

以“156工程”为中心的大规模工业建设，促使新中国迅速崛起了一批工业城市，并形成了类型多样的工业城市群，尤其在广大中西部地区形成了若干具有区域和全国重要意义的“增长极”。武汉、洛阳、兰州、太原、大同、石家庄、西安、成都、包头等城市迅速成为中国工业化的骨干，并引起了全国城镇体系的系统性更新与重构，为未来中国的工业化和城镇化快速发展奠定了坚实的基础。

（二）三线建设：举国体制下的工业西进战略

1964年，中共中央做出了三线建设的重大战略决策②。以“国防建设第一，加速三线建设，逐步改变工业布局”为基本方针，中国开始了宏大而秘密的三线建设。三线建设以“备战、备荒、为人民”为出发点，大力号召“好人好马上三线”，全国数百万技术工人、工程师、干部、知识分子、部队官兵和大学毕业生浩浩荡荡投入其中，其战略目的是要在中国西部纵深的腹地中建立完善的工业体系。

三线建设是继1937年的抗战时期工业大内迁之后，举国层面的第二次“工业西进”，并且是一次主动的战略行动，也是继“156工程”之后最宏大最集中的区域工业格局重塑。1964年到1980年的17年间，三线建设累计投入资金2052亿元，建成了1100多个大中型工矿企业、国防科技企业、科研院所和大专院校，三线地区的国防工业、铁路、机械、汽车、轻纺等领域的生产能力得到大力提升，70年代中期，三线企业许多工业产品的产量达到了全国的三分之一，攀枝花、十堰、德阳、六盘水等30多座新工业城市横空出世，中国区域工业格局实现了全方位重构。

但是三线建设存在严重的问题，在以备战为第一要务的思想指导下，三线地区普遍采取“靠山、分散、隐蔽、进洞”等思路进行工业空间布局，大量采用“村落式”“瓜藤式”“羊拉屎”等布局模式，每个工厂甚至每个车间都分散建设，生产效率极低，职工基

① “156工程”完成的投资额中，中西部地区占53%左右，44个军工企业中有35个建在中西部地区。

② 三线，是指长城以南、韶关以北，京广铁路以西，甘肃乌鞘岭以东的广阔内地，涉及13个内陆省份。一线，主要是指沿海和沿边地区。二线是介于一线和三线之间的地带。

建国初期苏联援建的156项重点工程分布

来源：《中国现代新兴工业城市规划的历史研究》

本生活无法保障。90年代中期以后，随着国家战略的调整，地处深山里的大量三线工厂逐渐废弃，部分遗留问题至今仍难以解决。

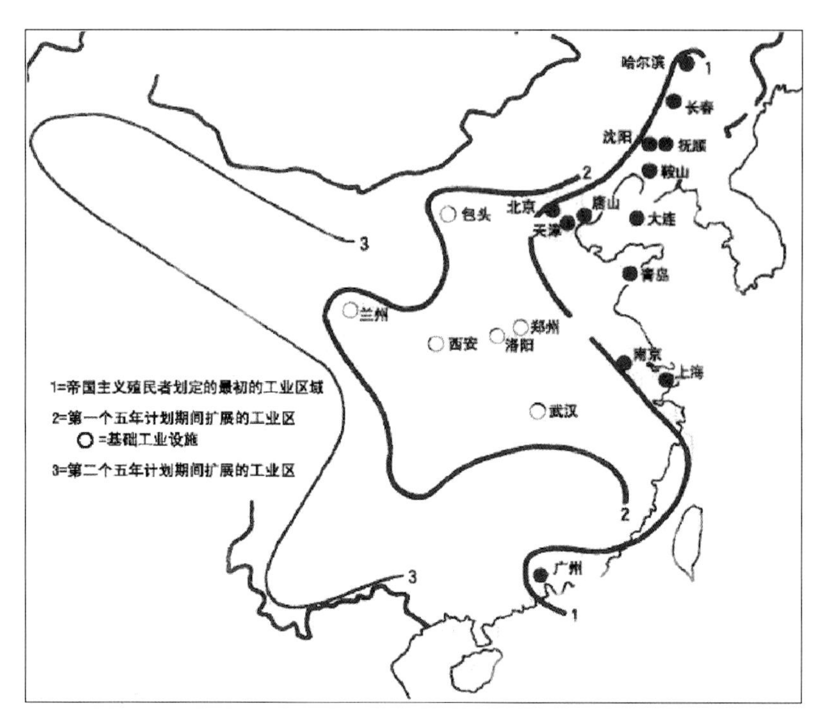

“一五”“二五”时期我国工业城市分布

来源:《重建中国——城市规划三十年》

共和国农机工业“长子”——洛阳第一拖拉机厂

来源：作者摄

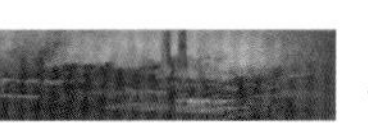

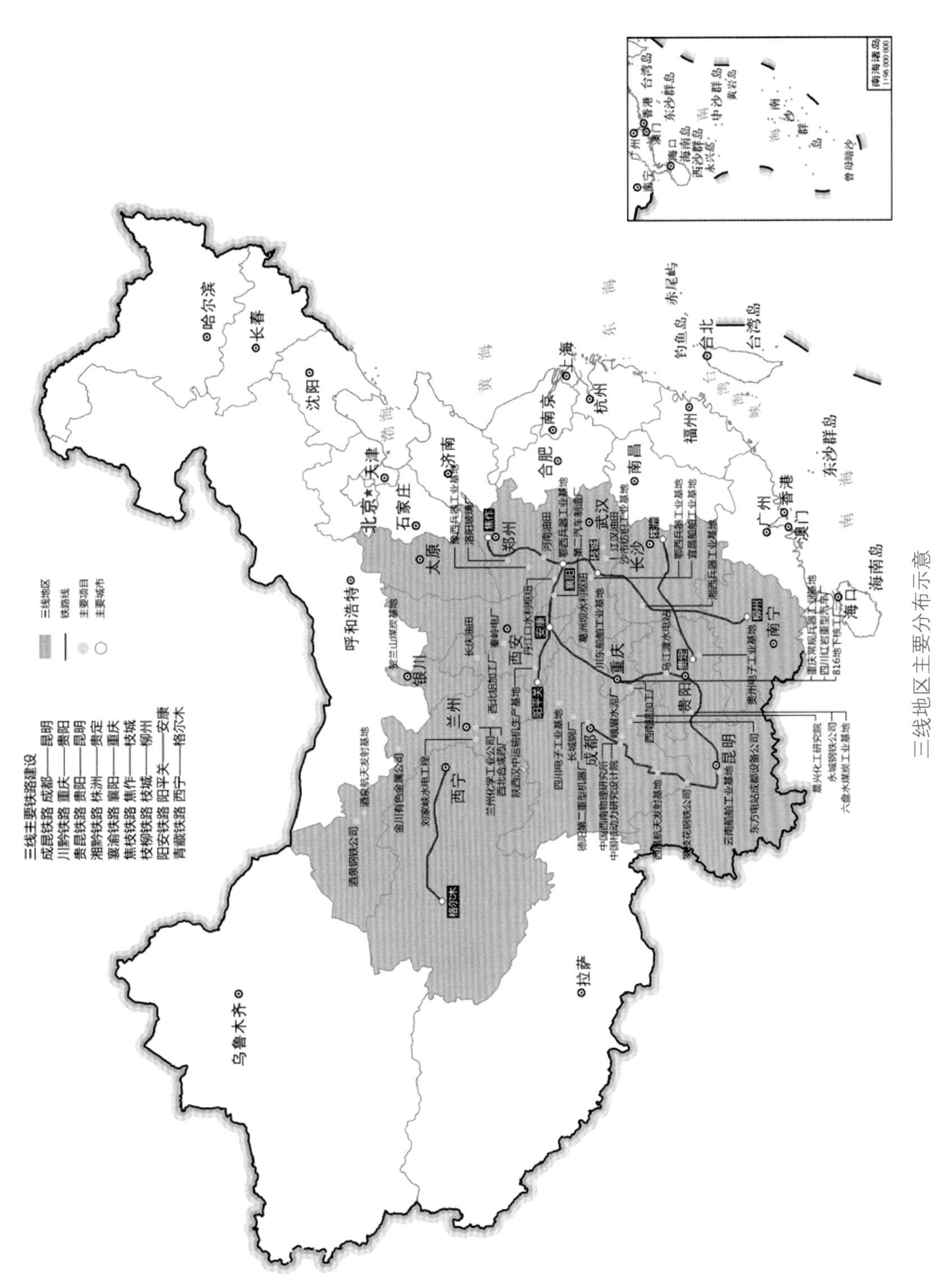

三线地区主要分布示意
来源：《基于工业考古学的三线建设遗产研究》

"三线"时期工业遗存——宜宾南溪红光厂
来源：作者摄

（三）东南沿海优先发展：区域工业格局的重构

改革开放之初，我国逐步转向以经济建设为中心的阶段，邓小平同志提出了"两个大局"的不均衡发展思想[①]，希望通过优先发展地理区位条件优越的东南沿海地区，进而逐步带动广大中西部地区发展。在此之前，中国的工业基本位于东北、华北、中西部地区，东南沿海地区由于地处冷战前沿而极少有国家重大的工业投资。邓小平同志这一思想设计出了我国后续数十年的区域经济发展和工业布局的基本道路，"东南沿海优先发展战略"彻底打破了原有的区域工业格局，外国资本和民间资本在东南沿海地区迅速聚集，工业化发展突飞猛进，构成中国工业经济新的重要一级，至今仍然具有强大的动力和广泛的影响力。

随着改革开放和现代化建设的深入推进，继"东南沿海优先发展"战略之后，我国又进一步提出了"西部大开发""东北老工业基地振兴""中部崛起"等国家战略。近年来，根据国内外形势的变化，"一带一路""长江经济带""京津冀协同发展""粤港澳大湾区"等新的国家战略应运而生。重大战略的背后是大规模的资金投入和大量配套政策的支持，是国家发展的大势所趋，未来应积极响应国家战略，顺势而为，不断调整和优化区域工业格局。

---

① 一个大局是东部沿海地区加快对外开放，先发展起来，中西部地区要顾全这个大局；另一个大局是当发展到一定时期，比如20世纪末全国达到小康水平时，就要拿出更多力量帮助中西部地区加快发展，东部沿海地区也要服从这个大局。

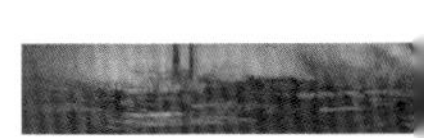

三　城市工业格局：空间规划控制引导的产物

从城市层面来看，空间规划对于城市工业布局的形成具有重要的引导作用。特别是新中国成立以来，大量实践证明，当城市发展和工业建设重视规划的控制引导作用时，城市的工业布局就会与城市整体空间结构相得益彰，工业化和城市化就会良性互动，相互促进。与之相反，当全社会忽视甚至摒弃城市规划时，城市中的工业建设就会出现无序散乱的局面，进而会对城市空间组织运行效率和环境品质造成严重影响。

（一）规划引导下城市空间结构和工业布局的良性互动

20 世纪 50 年代，郑州、洛阳、兰州、武汉、西安、太原等一大批新兴的工业城市迅速崛起。这些城市启动大规模工业建设之前，基本都在苏联专家的帮助下编制了相对科学合理的城市规划，为城市长远发展建构了良好的布局结构，时至今日大部分城市仍然体现并延续着良好的空间发展优势。

洛阳在 1950 年代编制的城市总体规划中，新兴工业区跳出老城在涧河西侧和陇海铁路南侧布局，称为“涧西工业区”。涧西工业区内生活设施和生产功能按照现代城市规划原理进行组织，生产区和生活区之间以绿带相隔，生活区域内配套了完善的公共服务和生活服务设施，并聚集形成片区中心，与老城区中心遥相呼应。洛阳也逐渐形成了新老城分置的双中心带状开敞式空间格局，被誉为城市规划建设的“洛阳模式”。

20 世纪 50 年代武汉的城市规划以苏联规划理论为指导，新工业区的选址远离三个传统城区，呈现出跳跃式的空间布局模式。新工业区内规划建设了大量的配套居住、商业、科研院校、公共空间等，形成了以工业为主体的城市综合片区。工业区与传统城区分离的思路，既避免了工业建设对市区功能的干扰，又便于工业区的生产、运输等功能的有效发挥，更对未来的城市进一步拓展奠定了基本框架，体现了规划卓识的远见。

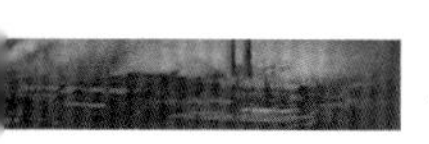

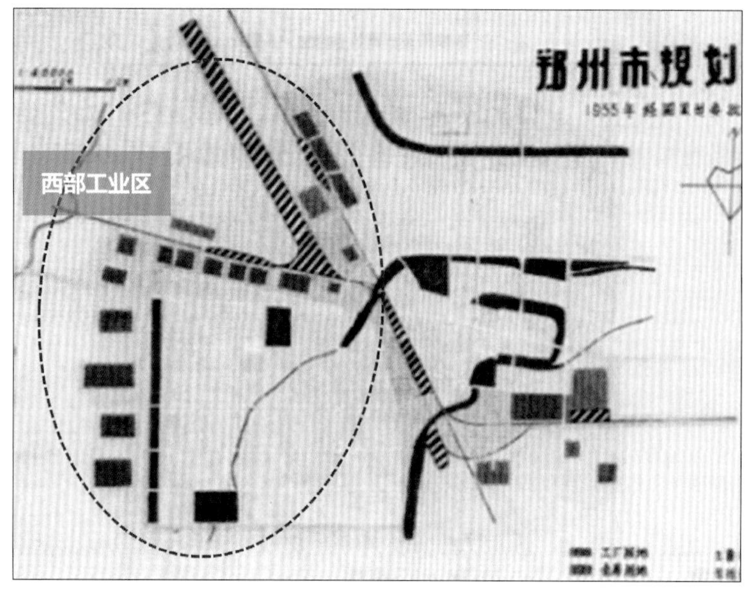

郑州规划的工业区（1955）
来源：作者绘

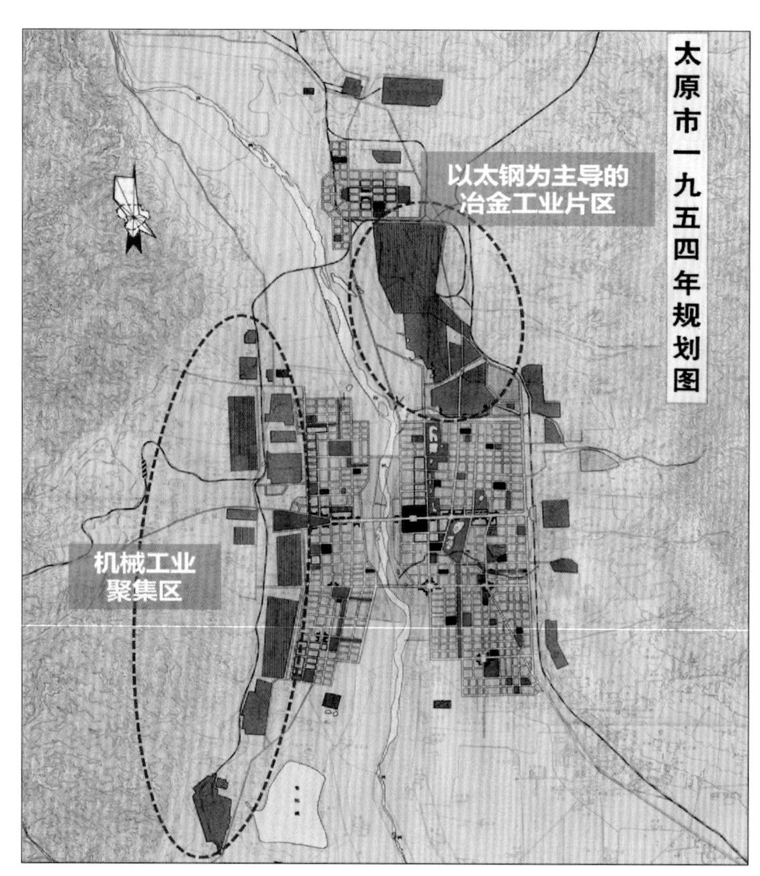

太原规划的工业区（1954）
来源：作者绘

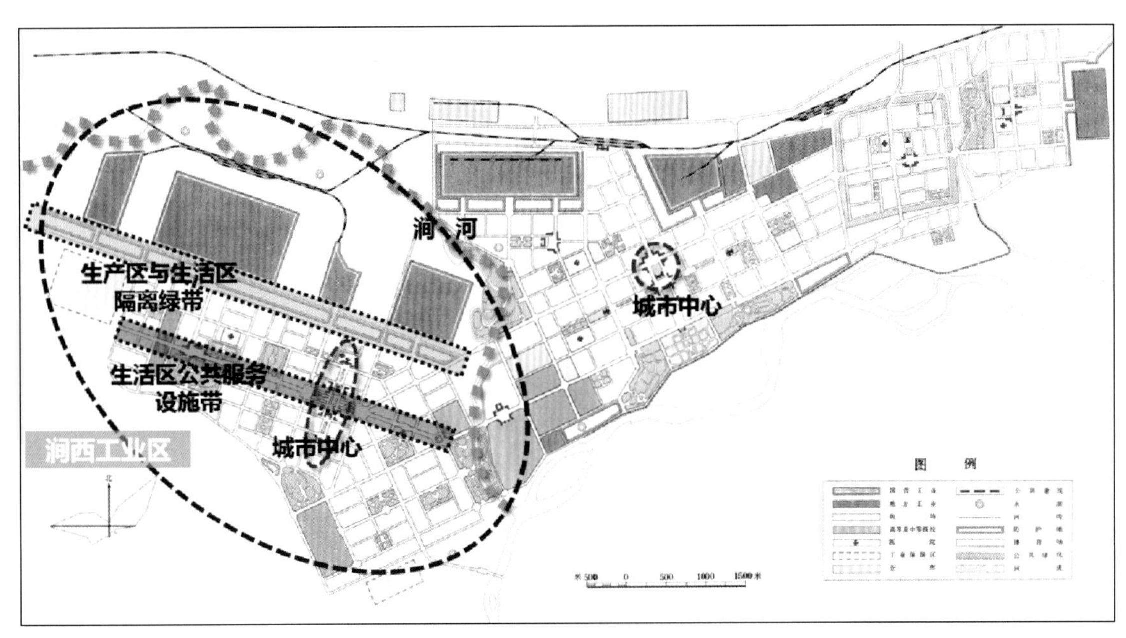

洛阳规划的新旧城分置模式（1956）

来源：作者绘

洛阳涧西老工业区

来源：杨晋毅摄

1958 年武汉市工业区分布图

来源:《武汉工业遗产》

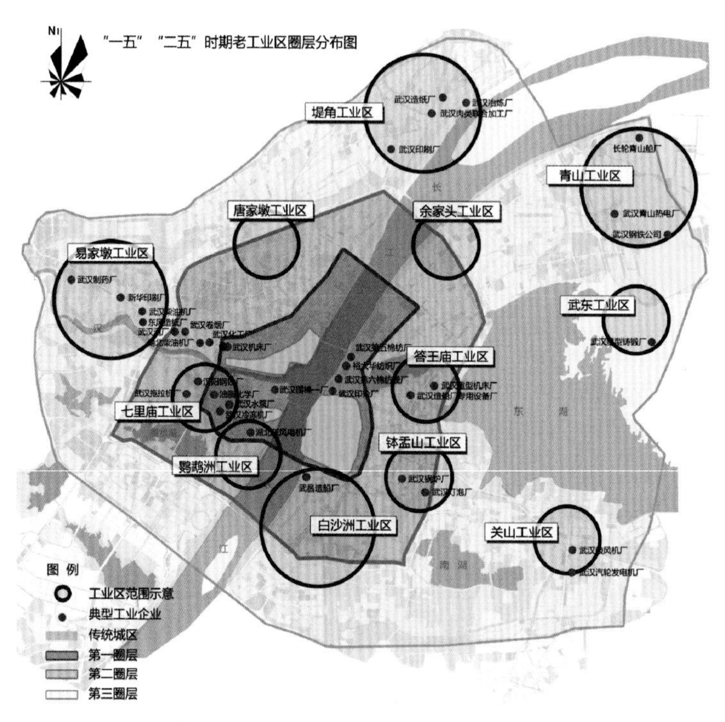

武汉“一五”“二五”时期工业区分布

来源：作者绘

（二）依托工业整体规划建设城市的范式

新中国成立初期，在一大批国家重点项目的带动下，一座座新兴工业城市拔地而起，成为新中国工业发展史上独特而重要的标志。作为新中国的重点工业城市，黑龙江齐齐哈尔以大型国家重点项目的落户为契机，在其辖区内远离城市的地区规划建设了一座新的工业城市——富拉尔基，第一重型机械厂、特殊钢厂、热电厂和黑龙江化工厂等大批国家重点工业项目相继选址于此。1954 年编制的富拉尔基城市总体规划采用了典型的苏联式功能分区理念，工业区布置于城市下风向的西南部，生活区布置在上风向的东北部，工业区和生活区之间建设了 200～400 米的防护绿带，道路布局采用典型的方格网加放射状模式，形成十字轴线，成为新中国工业新城的典型范式。

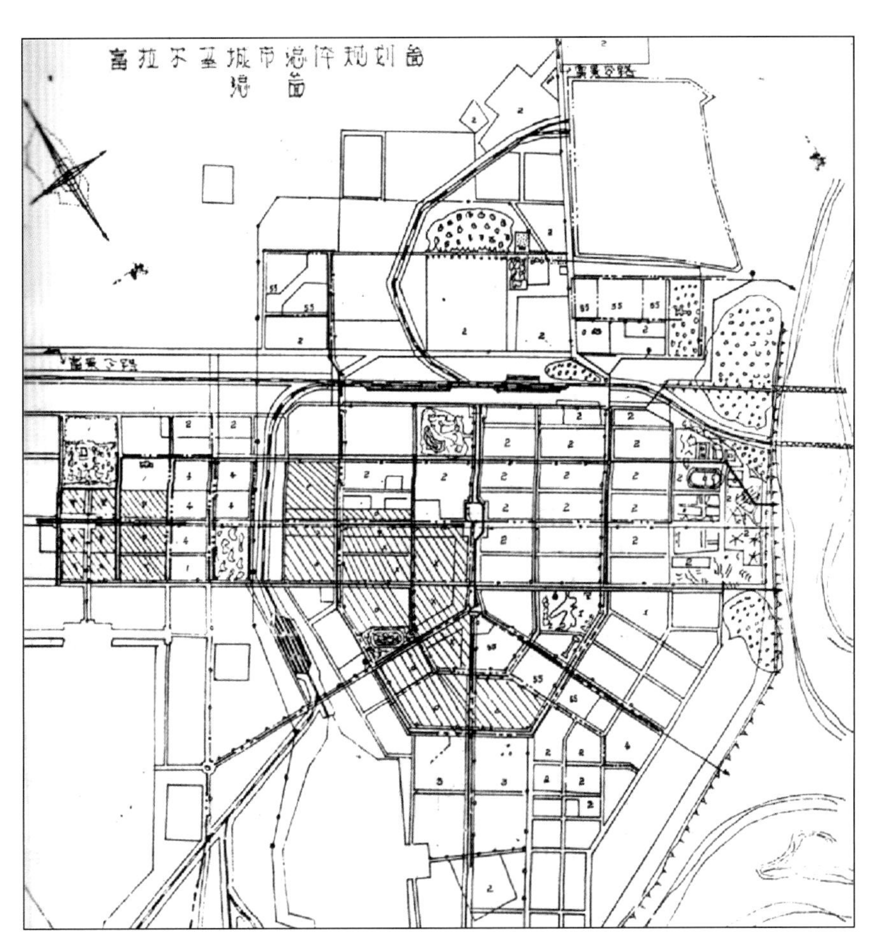

工业新城富拉尔基总体规划图（1953）

来源：《齐齐哈尔历史文化名城保护规划》

建设中的工业新城富拉尔基

来源:《齐齐哈尔历史文化名城保护规划》

工业新城富拉尔基现状

来源:《齐齐哈尔历史文化名城保护规划》

（三）摒弃规划对工业建设和城市整体发展的危害

遗憾的是，1958年到1960年的“大跃进”时期，科学的规划遭到摒弃[①]，1960年11月18日，国家计委召开的第九次全国计划会议甚至做出了“三年不搞城市规划”的错误决定[②]。这一时期，各大城市普遍脱离实际大搞工业建设，城市中大大小小的工业区遍地开花，彻底失去了控制，城市功能布局混乱、环境日趋恶劣，造成了难以弥补的损失。

杭州在新中国成立之初编制的规划中，将工业区布置在远离西湖的北部和东北部，西湖和工业区之间以居住区、大学、商业等功能为主，通过路网的合理组织使得生活片区与西南部风景区有效联系。但是，大跃进时期杭州忽视了自身矿产资源不足和自然环境资源独特的实际情况，放弃原有规划，提出建设“以重工业为基础的综合性城市”的目标，试图尽快建立以“五小”为基础小而全的地方工业体系，并开展了夺煤、夺钢大会战，耗费大量财力建设了十大工业区，在风景区和居民稠密地区兴建了钢铁、化工、机械制造等一大批工厂，对城市功能和环境品质造成了严重影响。

改革开放以来，规划重新受到高度重视。1980年国务院批转《全国城市规划工作会议纪要》指出“城市规划工作关系到城市的全局和长远发展”；1989年颁布的《城市规划法》将规划上升为城市发展建设的法定依据；1996年《国务院关于加强城市规划工作的通知》中指出“城市规划是指导城市合理发展、建设和管理城市的重要依据和手段，应进一步加强城市规划工作”；2000年《国务院关于加强和改进城乡规划工作的通知》中强调“城乡规划是政府指导和调控城乡建设和发展的基本手段，是关系我国社会主义现代化建设事业全局的重要工作”；2014年习近平总书记在北京考察时强调“城市规划在城市发展中起着重要引领作用”。在规划的控制引导下，大量城市合理布局工业用地，建设新型工业园区，工业化与城镇化发展逐步良性互动。未来应结合新时代空间规划体系的改革，进一步重视空间规划对工业布局和城镇发展的引领作用。

---

① 1958年的青岛会议在极左思想的影响下，提出“用城市建设的大跃进来适应工业建设的大跃进”“快速规划”的思路。

② 这项决定是参加会议的一位国家领导人的口头指令，未见诸正式文件或报端。在《建国以来重要文献选编》和《中共中央文件选集》等权威文献中都找不到任何文字记载。

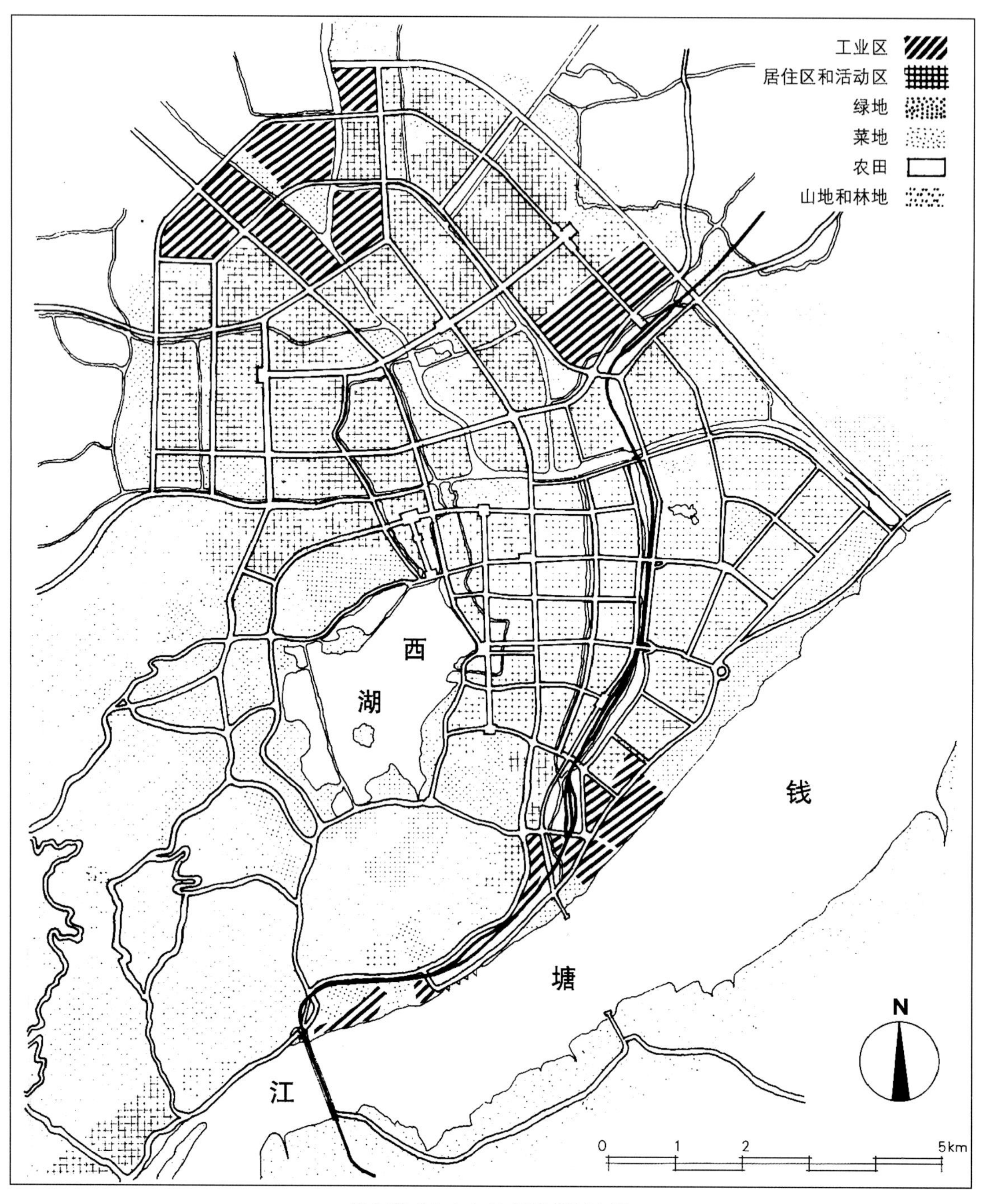

新中国成立之初杭州的规划布局

来源:《重建中国——城市规划三十年》

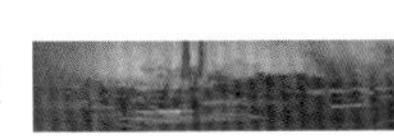

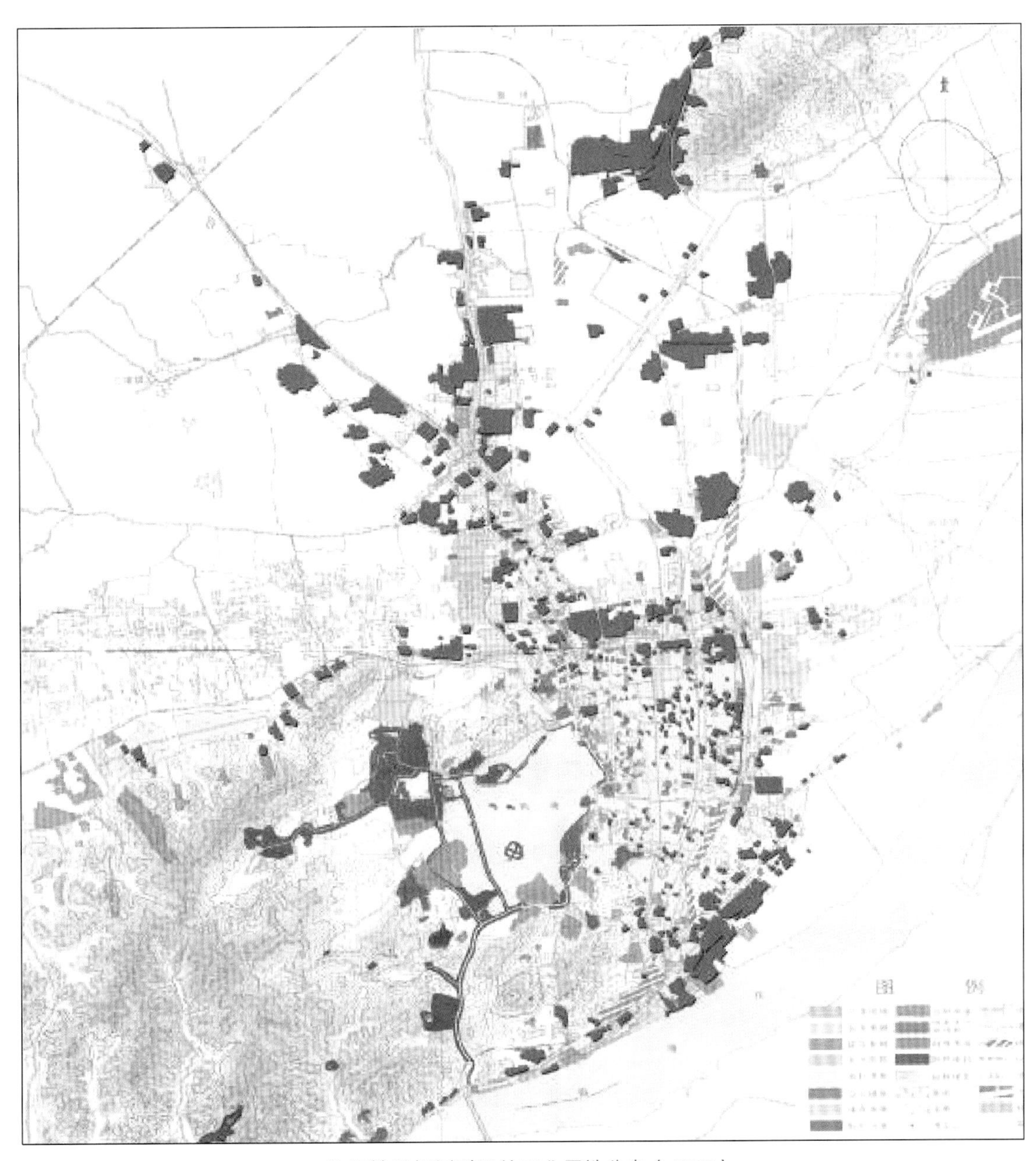

杭州缺乏规划引导的工业用地分布（1980）

来源:《杭州市区工业遗产保护规划》

四 工业地段格局：企业生产功能需求的产物

在城市总体层面，规划对城市的工业功能布局、工业与其他功能的空间关系具有明显的控制引导效果。但是，在工业历史地段内部因长期计划经济模式而形成了以生产为核心的封闭完整小社会，地段内部的功能分区、空间形态、生产流程、交通组织等都是按照企业生产需要以及行业特殊要求进行专业化的整体规划和系统建设，并配套住房、医院等生活服务设施，内部的土地混合使用，城市规划很难干预其中。

（一）老工业片区与城市其他功能隔离

我国现存的主要工业历史地段基本都形成于新中国成立之后，在大力发展社会主义工业的大背景下，城市的大中型工业企业普遍按照计划经济时代“工厂办社会”的模式进行建设，形成了一个个封闭独立的社会单元。各个工厂和工业地段因行业类型、生产流程等特定要求，在空间尺度、厂房形式、建构筑物风格特征方面体现出各自行业的显著特征。

由大量工业历史地段聚集构成的传统老工业片区，与城市其他片区基本隔离，形成了相对独立的城市功能板块，空间格局肌理和整体风貌特征也与城市其他区域形成巨大的差异。此外，国家重点工业城市包括居住用地、商业用地在内的各类功能所需的土地，基本都以服务重点工业项目为导向进行供应和配置。因此，综合的工业片区成为新中国早期各大城市最为重要的、独立的功能板块，老工业片区的建设成为这一时期城市形态和空间结构塑造的重要动力。

（二）“工厂办社会”模式下形成内部封闭小社会

在长期的计划经济体制约束下，大中型企业普遍采用“工厂办社会”的组织模式：工厂既要完成上级下达的生产任务，又要为职工及家属提供全面的生活服务，除了生产功能以外，厂区内一般还建设职工住房、医院、学校、影剧院等完善的生活服务配套设

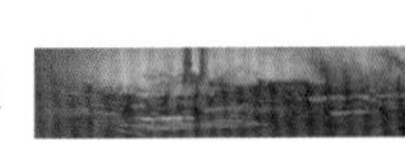

施，各工厂形成全功能式的封闭型小社会，在一定时期减少了城市通勤交通和公共服务配套设施的建设压力。此外，以工厂为单位自上而下的集中管理和相同专业背景，使得工厂内部职工和家属在文化活动、人员调配、时间安排等方面具有一定的优势，为大院的社区文化生活提供了良好的平台，工厂住区内经常举办节日庆典、联欢会、运动会、歌咏比赛等多样化的文化活动，诞生了独特的“工厂大院文化”，成为社会和谐和文化繁荣的重要保障。

但是，内向封闭的工业历史地段也造成了城市空间和功能的割裂，封闭管理的工厂大院造成城市道路网密度严重不足，城市空间品质和土地价值没有得到充分提升，各工业历史地段公共服务设施的同质化建设情况突出，很多处于同一地区、同一门类的工厂由于各自封闭隔离而重复建设体育馆、医院、幼儿园等公共服务设施，部分地段甚至以邻为壑，造成了严重的资源浪费，影响了城市功能运行的效率。此外，大部分工业企业属于传统工业类型，生产过程中产生大量的废水、废气、粉尘，造成极大的环境污染。

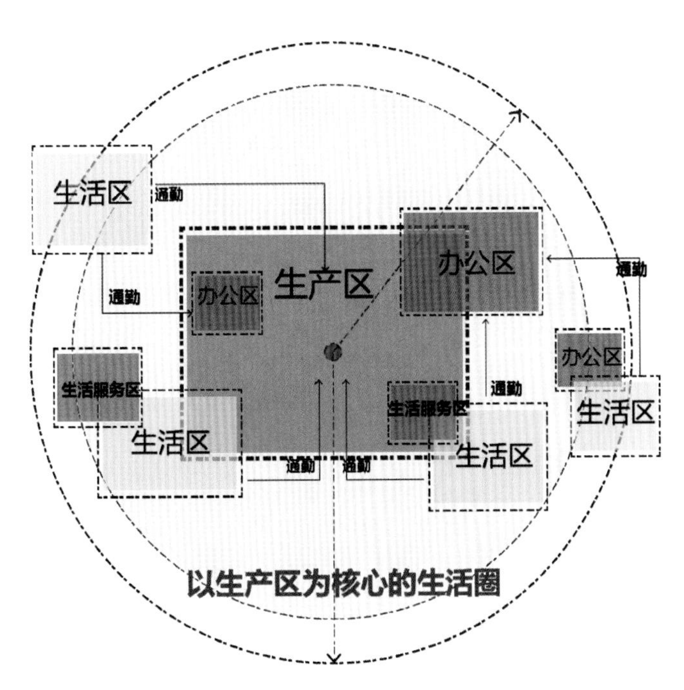

“工厂办社会”模式下的工业历史地段内部布局示意

来源：作者绘

第三章

我国工业历史地段的类型特征

工业历史地段的类型特征梳理是本书关注的重要内容之一。作者以规划视角为引领，重点从三个方面分析工业历史地段的类型特征：一是工业历史地段与城市整体布局结构的空间关系；二是工业历史地段内部的空间形态组织，包括地段整体空间组织特征、不同类型的建筑风格特征，以及地段景观环境特征等；三是在空间形态分析的基础上，本书进一步探讨了工业历史地段的土地使用转换特征，包括厂区建设之初的土地来源、建设要求、发展演化规律和保护更新过程中工业用地的转型等。

一 城市工业分布特征

作者研究发现，在工业化和城镇化长期互动的发展过程中，根据工业发展模式和建设规模的不同，我国城市大致形成了三类老工业空间的组织形态，包括大型企业主导的空间形态、同类企业聚集的空间形态、小型企业散布的空间形态。不同的空间形态与土地权属、企业权属、配套设施等密切相关，其发展形成的过程和更新改造的推动力、操作方式、管理方式也存在很大的差异。

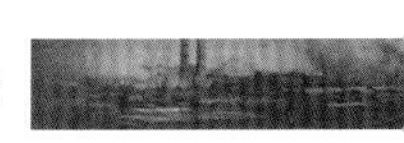

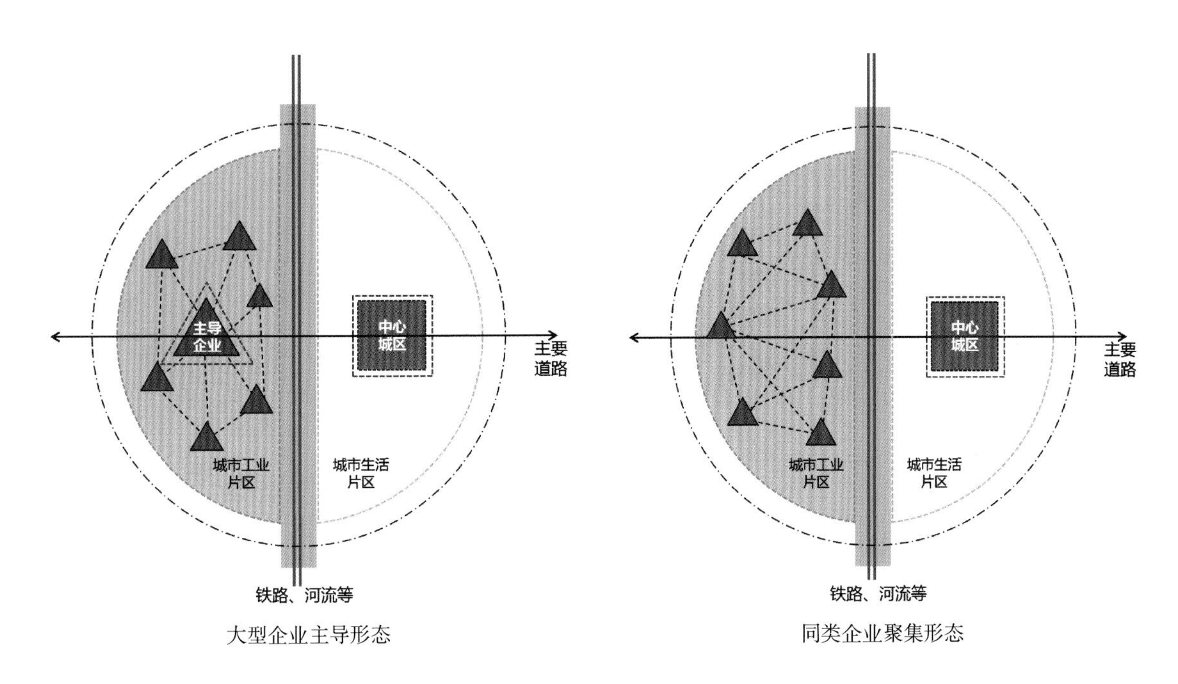

大型企业主导形态　　　　同类企业聚集形态

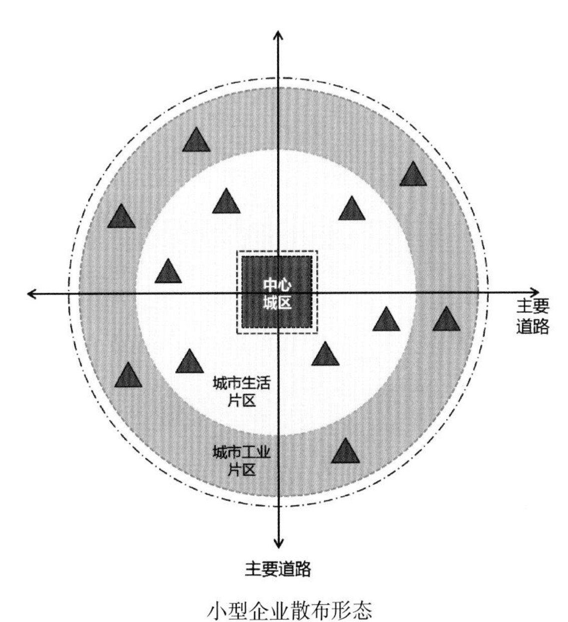

小型企业散布形态

我国城市的工业历史地段空间类型示意

来源：作者绘

（一）大型企业主导的空间形态

这类老工业区的主导企业通常都是国家或地区的工业经济命脉所在，大部分企业都是不同时期国家工业发展战略的重要载体，倾注了大量的人力、物力、财力建设而成，在国家或地区工业体系中具有举足轻重的地位，主导企业通常实力雄厚、职工数量众多、占地面积大，此类以大型企业为主导形成的工业片区，其生产生活配套设施完善，往往形成独立的城市功能板块，如北京石景山形成以首钢为主导、配套设施完善的城市工业片区。

此外，还有部分地区因重要工业企业的发展建设，或是发现了煤、石油、天然气等重要资源而大力兴建工矿开采、加工等相关工业企业，并逐渐形成了新的工业城市，主导企业成为城市发展的主要推动力量，企业的工人及其家属成为城市人口的主要构成，如湖北十堰、四川攀枝花、山西大同等。

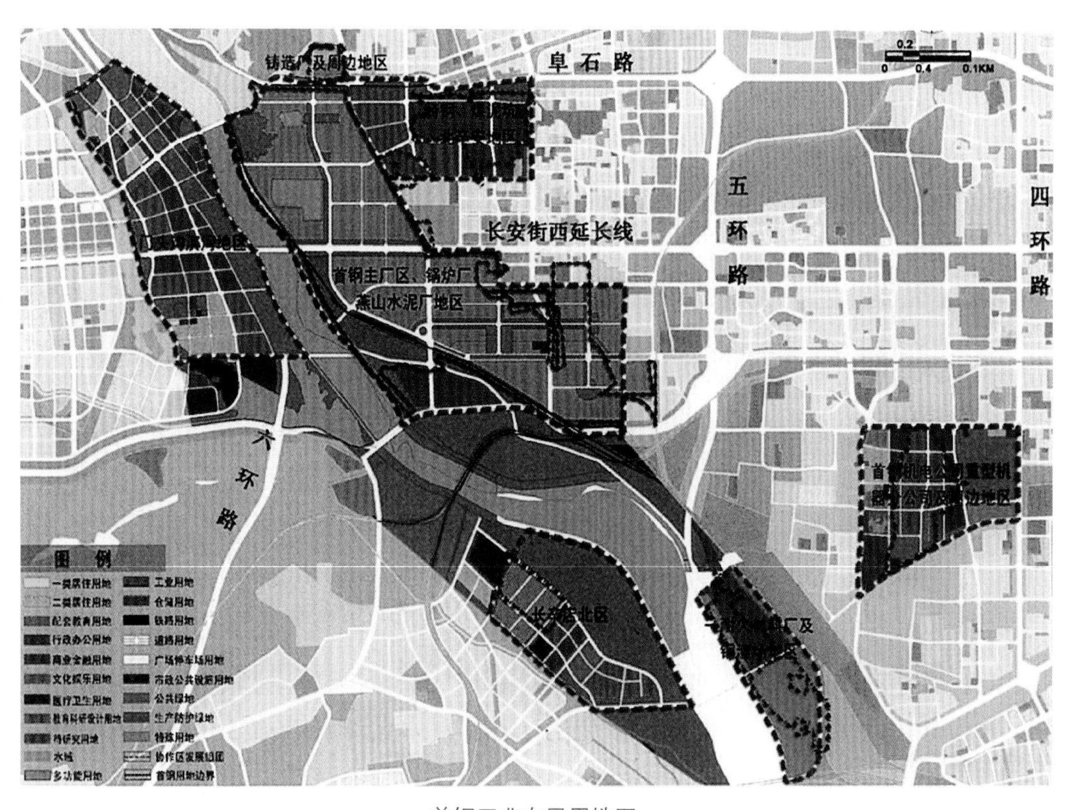

首钢工业布局用地图

来源：《北京中心城（01-18片区）工业用地整体利用规划研究》

首钢主导下的地区工业布局形态
来源:《北京中心城（01-18片区）工业用地整体利用规划研究》

（二）同类企业聚集的空间形态

同类企业聚集的工业区建设模式在新中国建立初期的工业城市中极为普遍，特别是以156项工程为基础建设的工业城市大多数采用这种布局模式，通常是以一项或者几项重点工业门类和项目为主体，以配套的工业企业为辅助，形成相对集中的城市工业片区，并在城市规划布局的引导下建设综合的生活服务功能，一般会形成功能齐备、空间有序的独立工业组团。

例如，沈阳以重工业为主体形成的铁西工业区，洛阳以机械加工为主体形成的涧西工业区，郑州以棉纺和机械工业为主体、依托陇海铁路形成西部工业区，太原以机械化工为主体形成的北部、西部工业带，西安依托规划的幸福林带形成机械工业带。这些老工业区为国家和地方的发展做出了巨大的历史性贡献，堪称共和国工业的脊梁。此类工业区产业结构相对简单，当前部分行业整体衰退和萎缩，更新改造压力巨大，但其留存的空间形态特征明显，部分工业建筑物、构筑物、设备设施、景观要素、附属建筑等具有较高的历史文化价值。

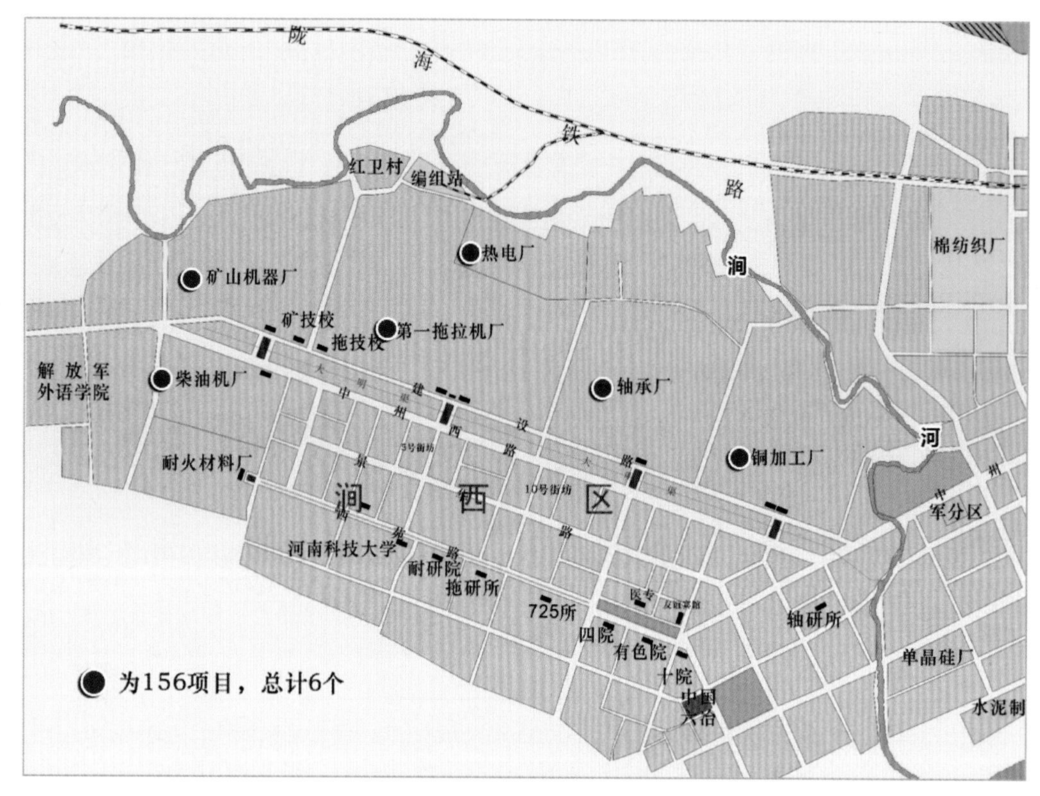

洛阳涧西区机械工业分布

来源：作者绘

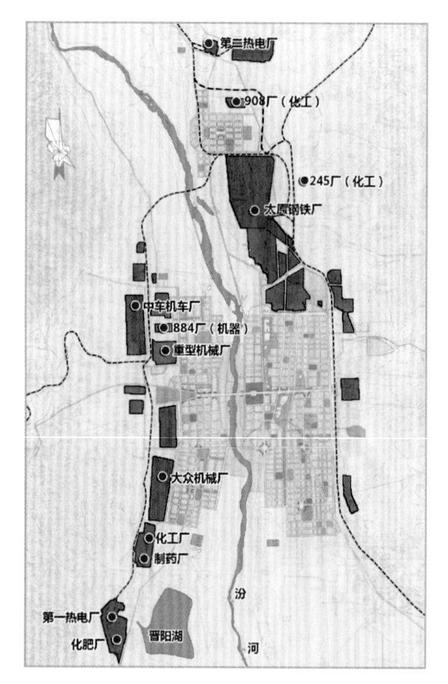

太原北部西部工业群

来源：作者绘

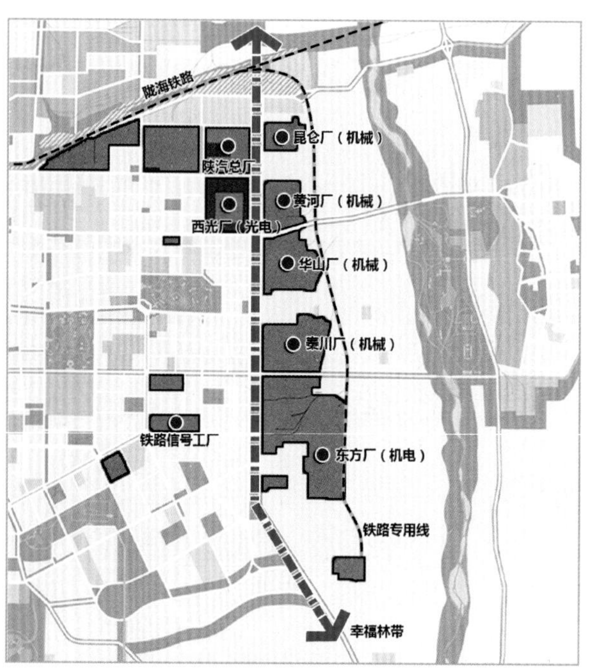

西安东部机械工业带

来源：作者绘

（三）小型企业散布的空间形态

小型企业散布的空间形态在各个工业城市中并不少见，这种状况大多形成于“大跃进”时期，并在改革开放后随着地方企业的蓬勃发展而愈演愈烈。大量的小企业、小作坊散点式地分布于城市之中，与居住、办公、商业等其他功能混杂而处，工业生产运输与城市生活相互干扰，部分历史文化名城的历史城区、历史文化街区内存在大量小型工业用地，与历史文化名城保护的矛盾突出。因此在近年来的历史文化名城保护和老城保护更新实践中，普遍的做法是将工业生产、仓储等功能彻底迁出历史城区，将腾退后的空间置换为文化创意产业等新功能。

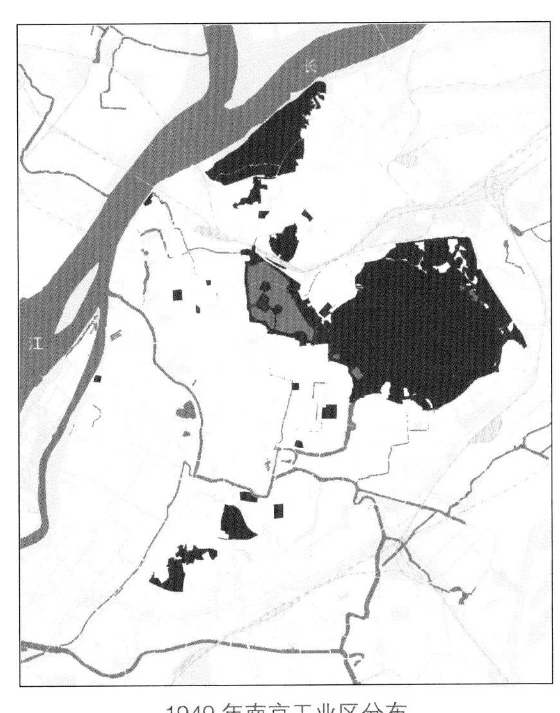

1949年南京工业区分布

来源：作者绘

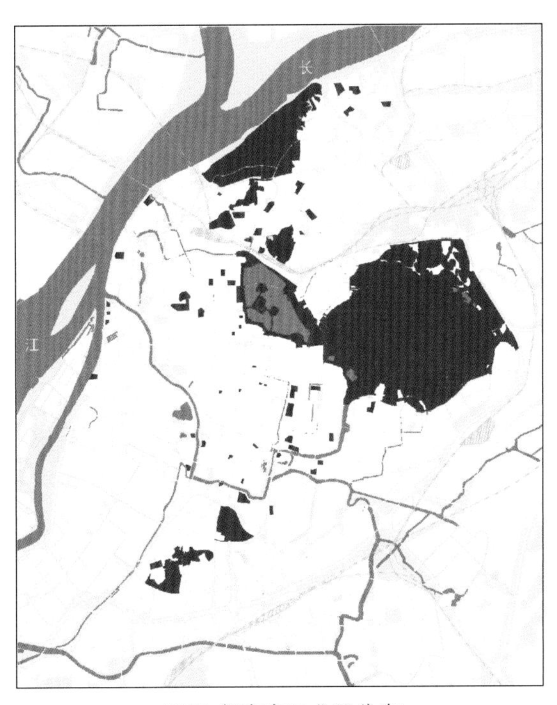

1956年南京工业区分布

来源：作者绘

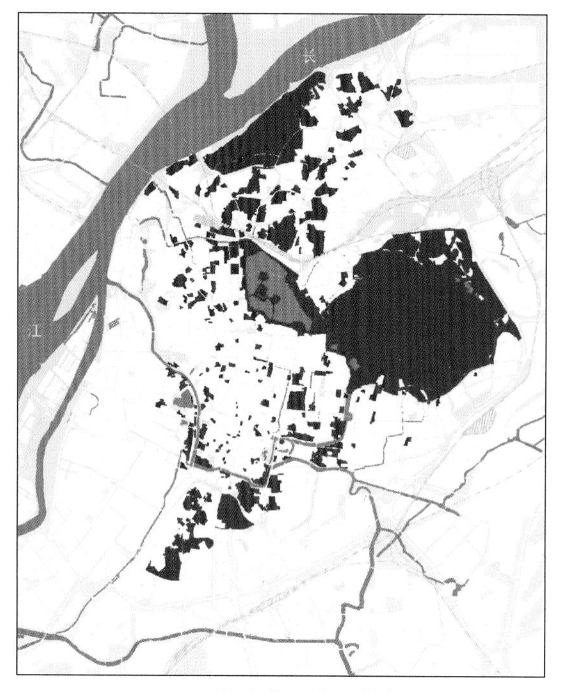

1978 年南京工业区分布
来源：作者绘

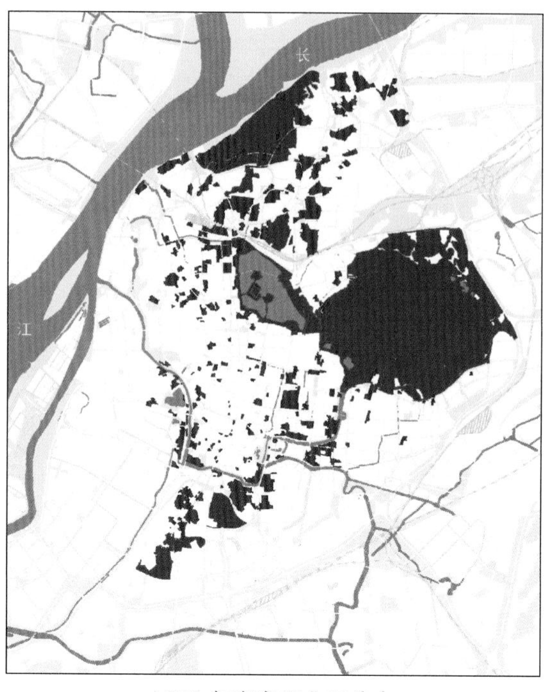

1986 年南京工业区分布
来源：作者绘

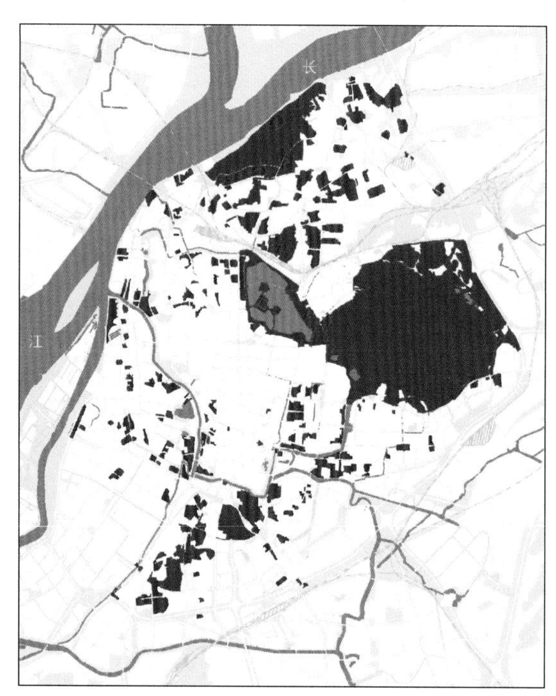

1991 年南京工业区分布
来源：作者绘

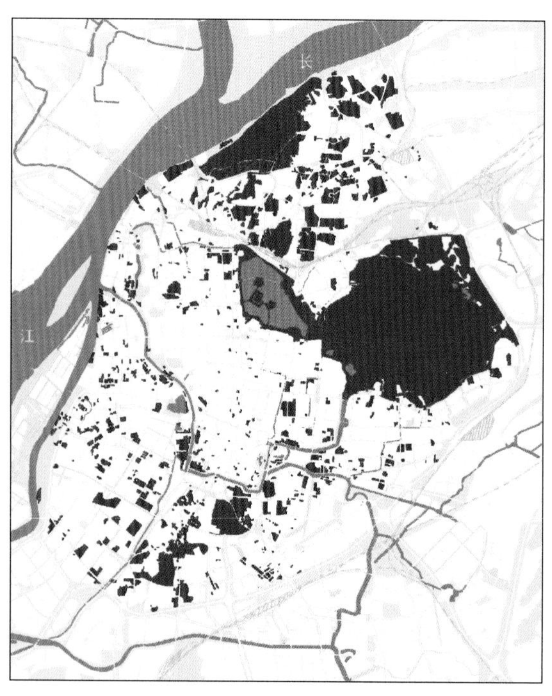

2000 年南京工业区分布
来源：作者绘

二　内部空间形态特征

（一）空间组织特征

1. 生产区空间组织

工业历史地段大多是在“先生产、后生活”理念指导下建设而成，其规划建设均是围绕生产功能展开的。作者调查发现，功能分区明确、空间结构清晰的工业历史地段，在建设之初的空间组织基本都会考虑两方面的因素：一是满足工艺流程的要求，工艺流程决定了生产功能板块之间的关系和主要生产车间的布局，作者经过深入调查总结，认为我国工业历史地段的传统工艺流程大致分为三类，即直线形、环形和迂回形，地段空间布局一般都会尽可能保证工艺流程合理、便捷，工艺流程中联系紧密的车间大多数相对集中布局；二是明确合理的人流和货流组织，一般而言，工业历史地段人流和货流的方向大多相向平行布设，尽量避免相互交叉，厂前区是人流的主要出入区域，出入口一般会面向工人居住区或城市道路，货流出入口大多布设在厂区后方邻近仓储功能的区域，以便于原材料的运入和工业产品的运出，也可以尽可能地避免人流与货流的交叉干扰。

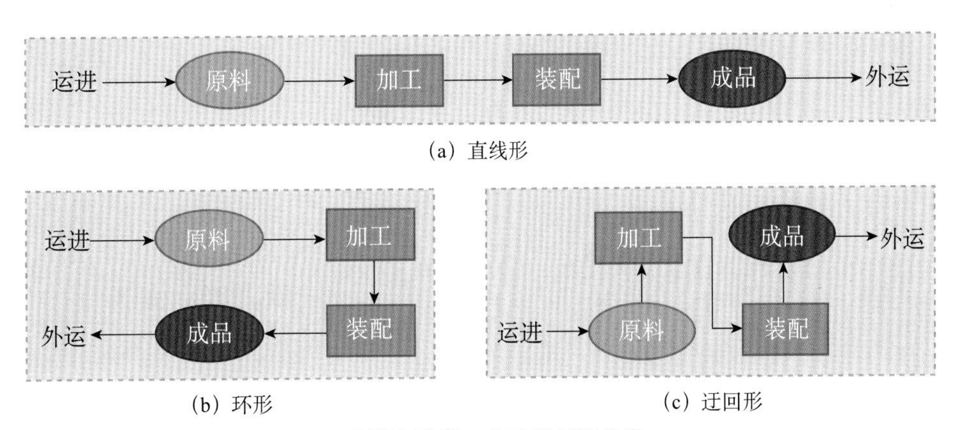

工业历史地段工艺流程组织示意

来源：作者绘

作者调查发现，我国工业历史地段内部空间布局虽然因区位不同、行业性质不同、规模不同而具备各自不同的特征，但大致包括几大类功能：主要生产区、辅助生产区、仓储区、办公区（厂前区）、居住区、生活服务区等，而且这些功能板块之间的相对空间

关系具有一定的组织逻辑。一般而言，厂前区与城市道路衔接，是厂区的主要出入口和形象代表，也是生产区域与生活居住区域的过渡地段。厂前区的构成及规模与工厂的性质和规模大小密切相关，通常布置成一个条带或占据厂区的一角。在厂前区的侧面或后面布置主要生产区，这一区域工人数量多，因而接近厂前区能够为工人上下班提供方便。辅助生产区一般与其他车间联系不紧密，因而多单独布置。仓储区一般布置在厂后，靠近汽车或火车的出入口处，尽可能地缩短运输距离。此外，大量工厂的热加工区在生产过程中会散发有害物质，因而一般会布置在下风向，并尽可能远离生活居住区。

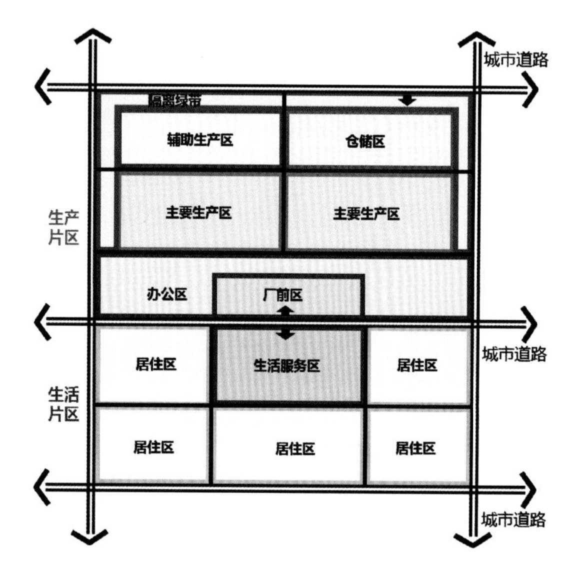

工业历史地段空间模式示意

来源：作者绘

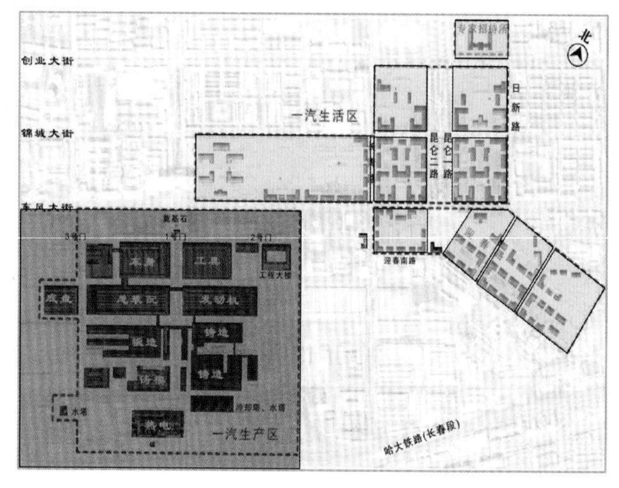

长春一汽空间布局

来源：《长春历史文化名城保护规划》

2. 生活区空间组织

当前我国保留的城市工业历史地段大多形成于新中国工业化发展时期。新中国成立初期，从规划思想到设计建设实践，都是全面学习苏联模式的产物，苏联的标准设计方法和住宅工业化思想被广泛应用于老工业区的生活区，形成了具有典型时代特征和功能特点的工业生活区格局形态。由于不同城市的环境条件所限以及投资建设主体的差异，工业区住区在各个城市中的建设呈现出两种不同的方式，即单一工厂配套型住区和工厂群配套型住区。

单一工厂配套型住区是工厂内部为自身职工服务的生活区，一般设置于工厂内部或紧邻工厂生产区，与城市功能具有明显的边界，生活区与生产区共同构成一个完整封闭的小社会，内部多以院落形式组织空间，形成独立的交通体系，一般配有幼儿园、小学、商店、邮局、浴室、银行等职工生活所需的必要设施。工厂群配套住区是将生产与生活相对隔离的布局方式，生活区服务于多个工厂，一般规模较大，配套设施相对完善，空间不完全封闭，住区内部的街巷同时也是城市交通路网的组成部分。

新中国早期工业生活区的规划布局普遍受到苏联规划模式的影响，遵循“先生产、后生活”的指导思想，形成了我国计划经济时期鲜明的工厂大院特点，20 世纪 80 年

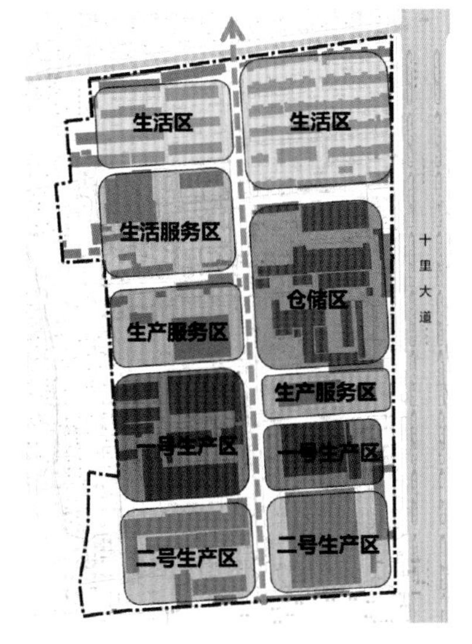

单一工厂配套型住区（九江动力机厂）
来源：张涵昱绘

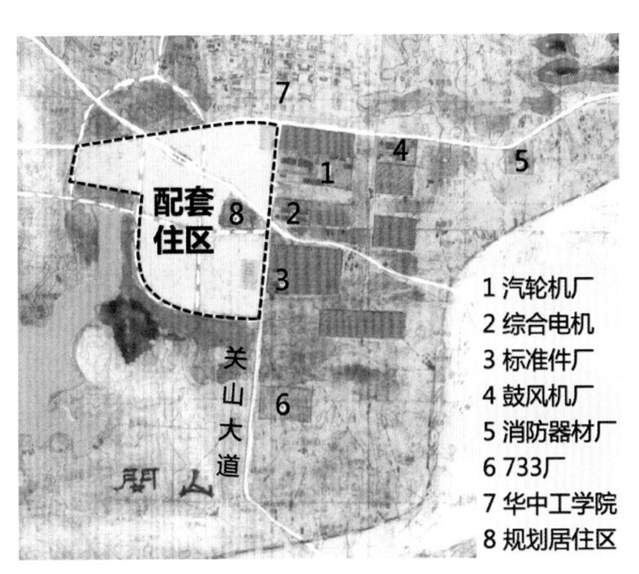

工厂群配套型住区（武汉关山工业区）
来源：作者绘

代以来，工业生活区的建设的指导思想逐步转变为“有利生产、方便生活”，住宅的基本设施和生活区的相关配套进一步完善。具体而言，是以院落布局为基本单元，建筑通过单体的重复排列，由一个到多个，组成单元，再由单元重复、变形组合形成单元组，单元组之间再通过有序的排列和组织，形成丰富的院落，通过多样化的院落组合方式形成围合式的组团空间，十分契合社会主义大家庭的氛围。院落布局主要有两种形式，分别是单周边式和双周边式，在此基础上形成并组织院落空间，院内布置公共绿地和室外活动场地。形成的院落安静舒适，为和谐的邻里关系的形成提供了良好的空间氛围。

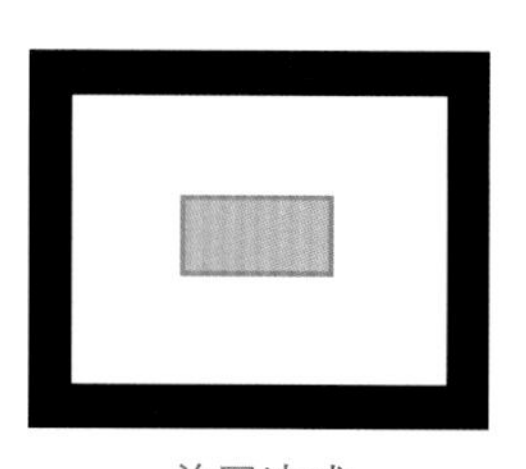

单周边式

来源：作者绘

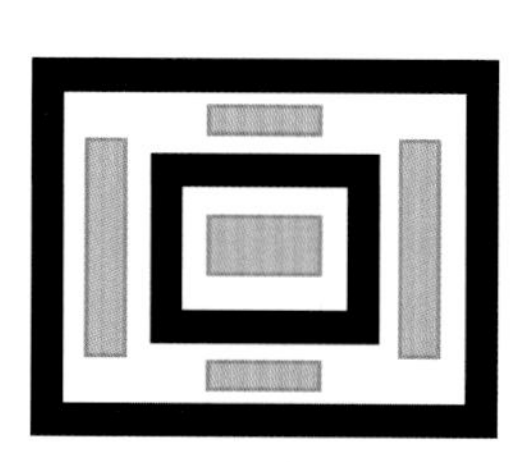

双周边式

来源：作者绘

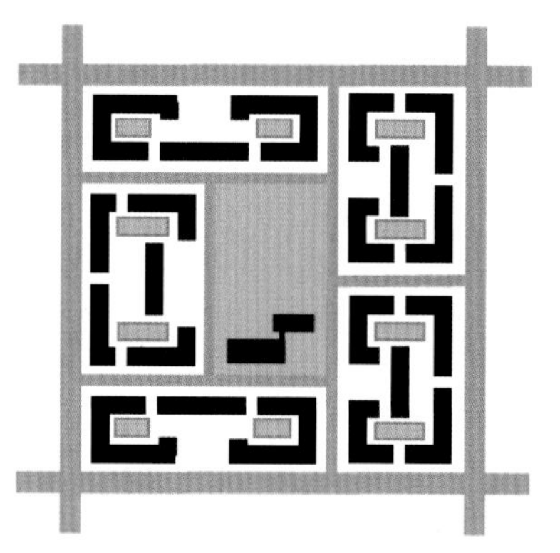

工厂居住区布局

来源：作者绘

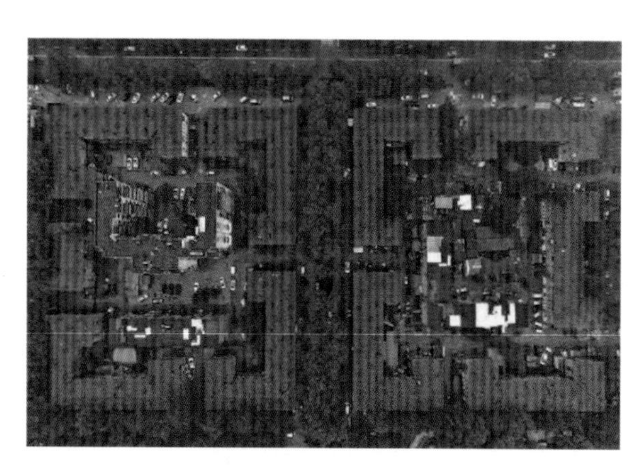

郑州国棉三厂生活区

来源：郑州市中原区人民政府提供

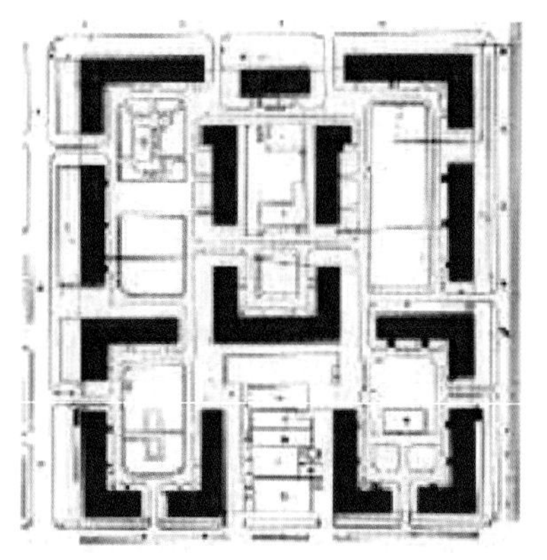

长春一汽生活区

来源：《长春历史文化名城保护规划》

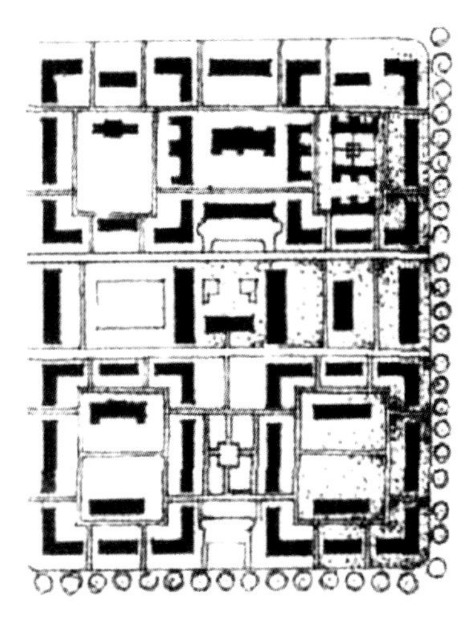
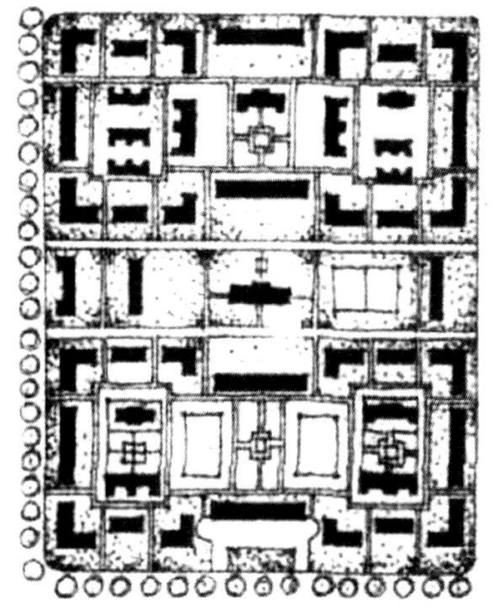
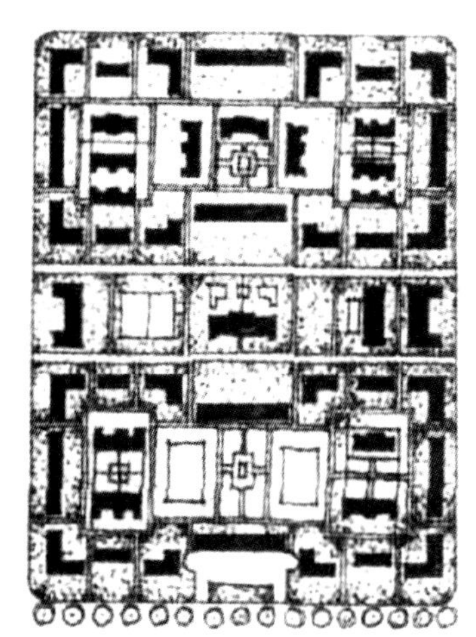

沈阳铁西工人新村
来源：《沈阳历史文化名城保护规划》

（二）主要建筑特征

建筑物、构筑物是工业历史地段的重要构成要素，功能主导下的建筑风格特征是工业历史地段价值特色的重要内容。经调查，我国工业历史地段内的建筑大致包括单层厂房、多层厂房、构筑物、辅助建筑等类型。

1. 单层厂房

单层厂房是工业历史地段的主要建筑形态，以水平展开工业生产流程和布局，空间适应性强，对于生产过程中需要使用重型设备的工艺流程具有很强的适用性，大多用于机械、冶金、纺织等类型的工厂。单层厂房一般多采用标准结构单元，采光方式包括侧部采光、顶部采光及二者结合等。单层厂房一般根据工艺流程要求，通过天窗形式、墙面、色彩、室内设计以及巧妙的空间组合，形成具有鲜明行业特征的厂房建筑风格。如机械制造行业的单层厂房数量多、体量规整，结合生产特点和工艺流程形成协调、舒展、整齐的整体空间形态。纺织行业的工厂由于生产工艺联系紧密，生产过程对厂房内的温度有相对严格的要求，因而厂房大多不直接对外开窗，通常在厂房顶部或东北面开设锯齿形天窗，避免阳光直射进车间，形成了纺织类工厂的总体空间特征。

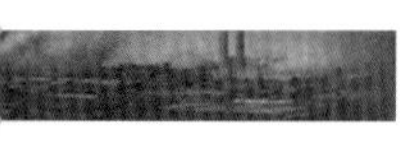

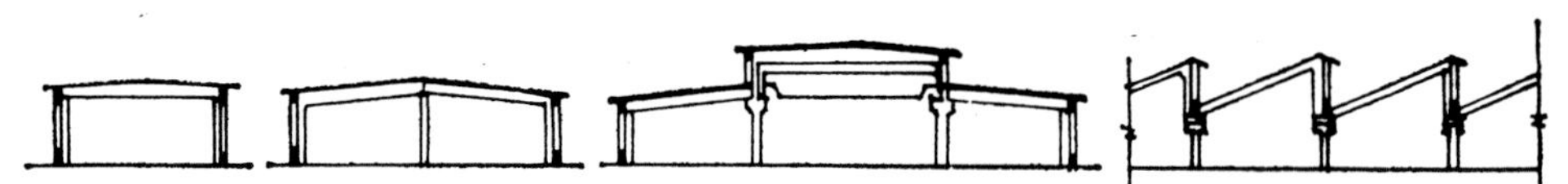

单层厂房剖面示意图

来源:《工业建筑设计原理》

机械类厂房形态(九江动力机厂)

来源：张涵昱摄

纺织类厂房形态(原北京第二棉纺织厂)

来源：北京莱锦文化园宣传展板

2.多层厂房

多层厂房是工业历史地段重要的厂房形态，适用于生产工艺要求在不同层高操作、设备及产品较轻、需要垂直运输且运输量不大的生产企业。结构形式多采用混合结构、框架结构、框架—剪力墙结构、无梁楼盖结构、大跨度桁架结构等。1970年代后期开始，我国逐步开展了多层厂房的工业化建筑体系研究和实践。所谓工业化建筑体系，即将厂房从建筑空间组合、结构类型、构件生产运输、材料选择、建筑设备布设，到施工工艺、施工机具等各个环节整体配套建设，形成通用标准厂房作为商品出售，这类厂房尤其适用于那些生产工艺经常性调整、产品重量不大、生产过程噪声小污染轻的工业企业。这类厂房仅需要建设基本的承重及围护结构，设置统一的能源、上下水及动力、生活服务和运输等系统，为用户弹性使用留有充分的余地。

多层厂房的风格特征和形态组合与内部的生产特征密切关联。生产工艺的起伏变化，不同工艺设备的高低错落，使得建筑物形成了各式各样的体形组合。多层厂房一般在墙面设玻璃窗进行采光，部分厂房的侧窗为锯齿形，为避免强烈的阳光直射车间，大多设置水平或垂直遮阳板，从而丰富二楼厂房立面。部分有空间密闭要求的厂房，如影片洗印、印染等车间，通常以大面积实墙为主，墙面大多以不同建筑材料的质感和色彩来丰富立面，如砖墙、粉刷饰面、板材、玻璃、砌块等。同时部分多层厂房多在楼梯、电梯及出入口处进行重点处理，手法包括雨罩、门斗、柱廊等构件的凹凸变化，或以线角、不同材质、色彩加以强调，打破单一的门窗组合形式。

北京焦化厂多层厂房
来源：作者摄

九江动力机厂多层厂房
来源：张涵昱摄

3. 工业构筑物

工业构筑物一般是指工业生产活动中因生产工艺需要而建造的、人们不直接在其内部进行生产生活的工程实体或附属建筑设施。由于产品生产工艺、流程复杂程度的不同，不同类型的构筑物会呈现出不同的形态和空间。大多数工业构筑物呈竖向、点状分布，一般而言，厂区中那些高耸的、标志性强的，同时具有承重结构和空间再利用潜力的构筑物，是工业历史地段内最具工业文明特征和视觉震撼力的特色要素之一。

起源于英国的工业考古学最初的研究对象并不是工业建筑，而是诸如高炉、火窑等体现明显的工业技术发展特征的构筑物，因而这些典型的构筑物在早期的遗产保护实践中通常被完整保留，成为工业发展的典型符号和象征。作者调查分析认为，工业历史地段的构筑物大致分为生产相关设施、能源存储排放相关设施、采掘起重运输等机械以及架空管线等类型（见下表）。

工业历史地段的构筑物类型

构筑物类型	典型构筑物
生产设施	高炉、转炉、电炉、炼焦炉
能源设施	烟囱、冷却塔、水塔、水池、储油罐、煤气罐
采掘机械	挖掘机
起重机械	悬挂起重机械、单梁起重机械、桥式起重机械
运输机械	专用铁路、传送设备
架空管线	电、热、气等动力干线

来源：作者自制

北京 751 老厂区构筑物

来源：作者摄

北京首钢老厂区构筑物
来源：张帆摄

4. 配套居住建筑

中华人民共和国成立初期老工业厂区的居住建筑设计基本上以苏联模式为蓝本，大多是三四层的楼房，通过单元的垂直交通组织各层的住户。居住建筑一般形成三段式立面构图，并利用屋顶的不同形式体现建筑风格的变化。外墙多为红砖材质，配以简单的线脚和凹凸装饰，局部以水泥线条加以点缀，大面积的红砖墙面与线条抹灰形成对比。屋顶形态主要采用起脊双坡式，并伴有老虎窗的装饰式样，屋顶还因转角单元而形成了样式和高度上的变化。

1970年代以后，特别是改革开放以来，工业住区建筑设计风格有了显著的变化。由于没有充分考虑各地的气候特点和使用的舒适性和经济性，新中国早期照搬苏联模式并体现民族形式的大屋顶，逐渐被简洁的屋顶形式取代，大量工业配套住宅建筑改为平屋顶，建筑立面形式也更加简单化，钢筋混凝土预制构件成为装饰立面的重要元素，建筑层数也由原来的三四层增加到五六层，以解决更多工人的住房问题，并逐渐与城市独立居住区的建筑风格趋同。

富拉尔基一重生活区风貌

来源:《齐齐哈尔历史文化名城保护规划》

郑州国棉三厂生活区风貌

来源：郑州市中原区人民政府提供

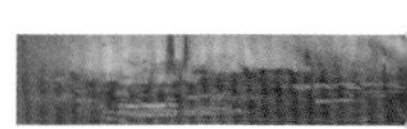

太原矿山机器厂住宅

来源：作者摄

柳州工业区职工住宅（1960 年在建）

来源：《柳州工业志》

1970 年代以后工厂配套居住建筑（武汉工业区 1970 年代新建的住宅区）（一）
来源:《武钢志》

1970 年代以后工厂配套居住建筑（武汉工业区 1970 年代新建的住宅区）（二）
来源:《武钢志》

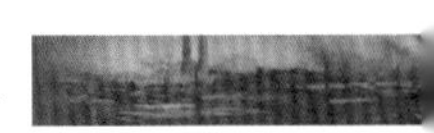

（三）景观环境特征

我国工业历史地段在建设之初大多注重景观环境的系统组织设计。通常是通过高低错落、疏密相间的绿化环境与厂区内的建筑物、构筑物、道路、广场等共同形成丰富的空间层次。合理优美的景观环境不仅能够美化厂区，还能显著地减少工业生产过程中产生的各类有害气体、粉尘、噪声、余热和振动等对城市居民的影响。工业历史地段的景观环境要素通常包括厂前区景观、防护绿带景观、道路轴线景观、厂房周边绿化，以及广场、运动场等。

1. 厂前区景观

厂前区是工业历史地段的重要区域，是隔离生产区与生活区、城市其他功能片区的第一道屏障，也是工业历史地段的形象代表。厂前区的景观组织多与行政办公楼等建筑物及部分设施小品整体组织。行政办公楼通常是厂前区的主体建筑，或居于厂区中轴，或与其他重要建筑物并列于轴线两侧；厂前区多布置中小型广场、喷水池、花坛、宣传画廊、光荣榜等设施，成为厂区重要的观赏、休憩、集散空间区域。作者调查发现，露天水面和喷水池是我国工业历史地段厂前区的“标配”。露天水面有人工和天然之别，在美化厂区形象、清洁空气、调节小气候等方面具有积极的作用。

2. 防护绿带景观

防护绿带是工业历史地段内隔离生产区与其他功能的重要景观环境配套，大多以乔木和灌木混交布置防护绿地，可分为透风式、半透风式和不透风式三种。透风式绿带通常布置在工业历史地段的上风向，可逐渐减低风速，并且不至于产生涡流。不透风式绿带通常布置在下风向，由于树木稠密，气流通过时会产生涡流，通过后会逐渐复原，能够起到过滤器的作用，充分发挥防护效能。河、湖等自然水体可作为防护带，尤其对防振动具有良好的功效。

3. 道路轴线景观

经调查，我国工业历史地段建厂之初大多会设计一条居于厂区中部的道路作为主要

郑州国棉三厂厂前区（1959）

来源：郑州市中原区人民政府提供

长春一汽厂前区（1976）

来源：《长春历史文化名城保护规划》

轴线，既是厂区主要的功能轴线，也是重要的景观轴线。道路两侧多以高大茂密的乔木为主，并结合人行道和车行道适当配置灌木和绿篱等，形成特色的林荫道，既能减少阳光直射，又能防止道路上扬起的灰尘飞向两侧厂房。因工厂规模不同，主要道路轴线的绿化方式也不尽相同，大型工厂主要道路一般采用中间人行道两侧车行道的方式，中小型工厂多数采用中间车行道、两侧人行道的方式。

柳州空压机厂主要林荫道
来源：作者摄

九江动力机厂主要林荫道
来源：张子涵摄

4. 厂房周边绿化

厂房是工业历史地段内最主要的生产空间，也是地段的主要污染源，生产过程中会不同程度地散发出烟尘和有害气体。因此，工业历史地段在建厂之时，大多会在污染较严重的各类热加工车间周边布置大量植被绿化、水系等，用以尽量减少污染，改善周边小环境，并使长期从事生产的工人尽可能与大自然保持一定的联系。作者调查发现，相当数量的工业历史地段除了在厂前区设景观绿化、水体外，主要车间或食堂附近也多结合绿化或其他建筑小品设置小型喷水池，形成休息和景观节点空间，用于消除工人的疲劳。

柳空老厂区热加工区域周边绿化和水系

来源：作者摄

三 土地使用转换特征

（一）工业历史地段的土地来源

1949 年以前，我国城市的土地主要掌握在官僚资本家、封建地主、工商业者、个体劳动者、城市居民以及部分外国人手中。1949 年以来，我国的城市土地制度演化形成两条清晰的脉络：一是新中国成立初期，在全面推行计划经济的同时，大力推行城市土地国有化，我国的城市土地实现了由原有私有制为主体向公有制的历史性转变；二是改革开放以来，大力发展市场经济的同时，城市土地的所有权和使用权分离，在所有权仍归国有的前提下，土地使用权逐步市场化。城市中的工业历史地段的形成、建设、更新再利用与我国城市土地制度的发展演化息息相关。

1949 年到 1978 年期间，我国城市中土地的使用基本实行无偿、无流动、无期限的“三无”制度，土地配置采取行政划拨的方式，加之全国大力推行重工业发展赶超的战略，城市基本上都是优先布局工业生产功能，其他城市功能作为工业生产的配套而建设。在这样的机制影响下，大大小小的工业地段如雨后春笋般出现在城市中，成为城市功能和空间的主体形态，其他功能大部分作为工业生产的配套与工业用地高度混合。工业生产组织高效，但城市整体功能和空间格局低效畸形，中心区用地结构不合理，生活环境品质差，这些特点在我国社会主义初期重点建设的工业城市中尤为突出。

1982 年颁布的《中华人民共和国宪法》第十条规定：“城市的土地属于国家所有。任何组织或者个人不得侵占、买卖或者以其他形式非法转让土地。”正是这一规定使大量工业历史地段的产权主体更加模糊不清，我国的行政体制中包括五级政府，《宪法》规定的国有土地究竟归哪一级政府所有？城市政府认为自身是理所当然代表国家拥有城市土地的所有权，但是早期在划拨土地上建设的国有企业属于全民所有制，它们自然也认为包括土地在内的工厂所有资产均属全民所有，因而具有土地所有权。正是土地产权的界定不明，导致很多城市的传统国有企业内部不受约束的进行自主新建、改扩建，成为规划管理和土地管理的“真空地带”。工业历史地段的自我建设中严重缺乏城市整体功能和土地收益的统筹，造成城市空间结构的复杂化和破碎化、公共服务设施的供给不均衡、使用低效，用地结构不合理等问题。

（二）土地有偿使用制度下的工业用地更新

虽然如前文所述，1982年的《宪法》规定城市的土地属于国家所有，任何组织或者个人不得侵占、买卖或者以其他形式非法转让土地。但这一时期正处于改革开放初期，在以经济建设为中心的大潮中，城市土地也逐步探索有偿的使用制度。1988年的《中华人民共和国宪法修正案》增加了“土地的使用权可以依照法律的规定转让”的内容，为土地使用权进入市场提供了法律依据；1989年国务院颁布的《中华人民共和国城镇土地使用税暂行条例》规定征收土地使用税作为土地有偿使用的具体手段；1990年的《城镇国有土地使用权出让和转让暂行条例》进一步明确了城镇国有土地使用权是一项独立的权利，“取得土地使用权的土地使用者，其使用权在使用年限内可以转让、出租、抵押或者用于其他经济活动”。这些不断细化的政策为土地市场的发育提供了重要的保障。

土地有偿使用制度的逐渐成型，带来了城市土地价值的差异化提升以及土地市场的日趋繁荣，原有的以工业布局为主导，其他用地按一定比例进行配套的城市空间组织方式被快速瓦解，各类城市新区、开发区、高新技术园区、工业园区等不断涌现，城市传统片区特别是传统中心区的地价持续攀升，引导和加速工业历史地段的腾退置换和生产功能向新区聚集。20世纪90年代后期的住宅商品化使得各地房地产企业成为城市开发建设的中坚力量。在土地有偿使用的大背景下，老工业用地成为炙手可热的资源，引发了大量以追逐经济利益最大化为目的的再开发行为。《中华人民共和国城市房地产管理法》规定：“以划拨方式取得土地使用权的，除法律、行政法规另有规定外，没有使用期限的限制”，这就意味着划拨土地的使用者业实际上享有土地的“准产权”，部分国有企业利用划拨的土地进行房地产开发，土地产权人和开发商分享了土地增值收益，导致国有资产流失等问题。

基于种种乱象，从中央到地方只能通过不断“打补丁”式地出台相关政策加以补救和完善。如1998年《国有企业改革中划拨土地使用权暂行管理规定》（国家土地管理局令第8号）要求：“国有企业改革中处置土地使用权，其土地用途必须符合当地的土地利用总体规划，在城市规划区内的，还应符合城市规划，需要改变土地用途的，应当依法

办理有关批准手续，补交出让金或有关土地有偿使用费用。”但由于中心区土地高昂的价值，国有企业在早期划拨的土地上象征性补交土地出让金之后，仍能通过房地产开发而获取巨额利益。

随后，针对老工业用地更新中的房地产化倾向和国有资产流失问题，中央政府出台了一些补救措施。如2002年《招标拍卖挂牌出让国有建设用地使用权规定》（国土部11号令）要求：“商业、旅游、娱乐和商品住宅等各类经营性用地，必须以招标、拍卖、挂牌方式出让”；2006年《国务院关于加强土地调控有关问题的通知》（国发〔2006〕31号）规定：“工业用地必须采用招标拍卖挂牌方式出让，其出让价格不得低于公布的最低价标”等等。

总之，我国的土地制度从早期的无偿划拨，逐渐发展为土地所有权和使用权分离基础上的土地有偿使用，促进和支撑了三十余年来城市经济的快速发展。但是从当前的情况来看，由于我国土地制度的不完善、老工业企业改制不彻底、土地收益利润巨大等因素，导致城市工业历史地段在保护更新中的土地使用转换仍然存在权属不清、不同功能之间转换随意、土地价值收益流失等突出问题，直接地或间接地对工业历史地段的保护更新和城市的可持续发展带来负面影响。

第四章

我国工业历史地段保护更新路径与问题

工业历史地段的保护更新已逐渐成为当前我国城市更新实践的重要领域之一，老工业用地是城市存量土地的重要组成部分，近年来我国开展了大量不同类型、不同规模工业历史地段的保护更新实践，探索了在不同的实施操作模式、实施主体主导下的多样化保护更新路径，积累了一定的经验。但是，不同的利益导向和不完善的法规制度，加上遗产保护和环境风险意识的普遍缺乏，导致当前工业历史地段保护更新存在很多突出的问题。

一 保护更新实施模式

工业历史地段的保护更新实施模式是指在经济、社会、文化和环境修复等目标的主导下对工业历史地段实施的一系列更新方法和技术手段的集合，更新实施模式可以从不同角度进行分类。作者对我国目前已经开展的工业历史地段保护更新实践进行了

系统总结分析，按照保护更新的目标和成效，将保护更新实施归纳为四种主要模式，分别是产业调整升级模式、文化设施建设模式、艺术商业区改造模式和开敞空间营造模式。

（一）产业调整升级模式

产业调整升级模式是指通过高新技术产业、文化创意产业、现代服务业等新型产业对工业历史地段的传统产业进行优化、升级或者替代，以实现工业历史地段的功能转型、活力复兴和可持续发展。在当前我国城市发展进入存量提质、新旧动能转换的时代背景下，产业调整升级模式成为工业历史地段保护更新的重要方式。我国的大量实践表明，工业历史地段进行与城市发展阶段相适应的产业调整升级，对地段和片区空间布局的优化、社会经济的发展和人居环境的提升都具有重要作用。当前我国工业历史地段的产业调整升级模式主要包括“退二优二”“退二进三”等方式，并与“大众创业、万众创新”“特色小镇”等政策密切结合，探索出独特的中国经验。

南京第二机床厂始建于清光绪二十二年（1896 年），位于南京老城西部的明城墙脚下，初名江南造银圆制钱总局，后改称中央标准局、南京市工商局度量衡制造厂、公私合营南京第一机械厂，1959 年 1 月改名为南京第二机床厂，见证了 19 世纪以来中国工业化发展的艰辛历程。但是，21 世纪以来，随着城市规模的扩展，厂区周边居住区不断增多，居民不堪忍受生产带来的噪声和灰尘，生产与生活的矛盾不断激化，厂区于 2010 年前后被政府列为环保专项行动的挂牌督办单位。

在南京市近年来大力推进工业企业“退城进园”的政策支持下，南京第二机床厂于 2011 年搬迁至新工业园区，老厂区 8 公顷的用地和 40 余栋厂房得以保护和再利用，厂区被定位为南京国家领军人才创业园，主要发展软件信息、移动通信等高科技产业，以及建筑设计、工业设计、文化创意等。2013 年正式开园，目前已完成的前两期更新项目，改造后的 7 万平方米老厂房已经全部出租，引进企业 106 家，其中包括洛可可、中国铁塔等国内外知名企业。园区先后取得两岸文创产业合作实验示范基地、秦淮特色文化产业园（国家级文化产业试验园区）子园区、中国科协海智计划江苏（南京）文化创业基地、市级科技企业孵化器、南京市文化产业园、江苏省工业设计示范园等品牌和荣誉。

南京第二机床厂保护更新（一）
来源：张涵昱摄

南京第二机床厂保护更新（二）
来源：作者摄

上海汽车制动机厂位于上海建国中路8号，前身是法租界内的一片旧厂房，1949年以后成为上汽集团所属汽车制动机厂，占地7333平方米，建筑面积1.2万平方米。2003年，上海市引入社会资本对汽车制动机厂进行保护更新，建筑由日本HMA建筑设计事务所进行改造设计，设计充分保留了原有工业建筑的砖墙、管道和部分地面等要素，并注入时尚创意元素，吸引了众多艺术、创意及时尚类企业和机构的入驻，包括著名建筑设计、服装设计、影视制作、艺术创作、广告、新媒体等公司。更新后的老厂区被命名为“八号桥时尚创意中心”，已成为上海最具活力和吸引力的创意“共享空间”之一。

上海汽车制动机厂（八号桥时尚创意中心）保护更新

来源：作者摄

（二）文化设施建设模式

以工业文化为主题营造特色鲜明的文化空间和设施，是工业历史地段保护更新和形象提升的有效手段之一。工业历史地段在长期的生产过程中大多都是封闭式管理，公众

很少能进入生产区域，此外部分厂房、设备、构筑物高大、雄伟、冰冷并带有复杂的机械构造，具有震撼的视觉冲击力，无形中增添了神秘色彩。而这样的工业历史地段在保护更新中，将封闭内向荒废的工业生产空间转化为以工业文化为特色的公共文化空间，能够产生强烈的文化张力和魅力，是具有较高历史文化价值的工业历史地段转型的常用方式和路径。此类模式在我国目前主要的实践包括改造为博物馆、展览馆、艺术中心等公共文化设施以及特色小镇等。

博物馆、展览馆的主要功能在于保存、研究、记录和展示某方面的历史信息。工业考古学的兴起使得工业遗产与博物馆的结合成为可能，工业建筑改造为博物馆、展览馆，把企业、行业或者城市的工业发展历程、成就、生产工艺流程、代表性产品等信息通过实物、图文、影像、模型等手段进行全方位保护与展示，在欧美发达国家有大量可借鉴的经验，我国也逐步涌现出一些优秀的实践案例。

柳州是我国著名的工业城市，工业发展历史悠久，工业遗存丰富。2009 年，柳州市决定在第三棉纺织厂和苎麻厂的旧址上，利用老厂房等遗存建设工业博物馆，展示柳州的工业历史、企业文化和城市精神。工业博物馆建设过程中在全社会广泛征集体现柳州工业文化的展品，收集到近 2 万件珍贵的工业文物，系统展示了柳州的工业文化和人文

柳州第三棉纺织厂和苎麻厂改造的工业博物馆（改造前整体鸟瞰）

来源:《旧工业建筑改造与再利用的策略与方法研究》

柳州第三棉纺织厂和苎麻厂改造的工业博物馆（改造后整体鸟瞰）
来源：《百年工业柳州》

精神，同时博物馆还配建了游客服务中心、休闲服务区等功能。自 2012 年 5 月建成开馆以来，柳州工业博物馆迅速成为最受市民和游客青睐的休闲、活动、旅游场所，是新时期柳州的城市文化名片。

2007 年 6 月，沈阳铁西区将原亚洲最大的铸造企业——沈阳铸造厂的老厂房改造为沈阳铸造博物馆，整体展示铁西工业区昔日的辉煌历史。博物馆的布设保留了厂房原有由砂池、冲天炉、天车等构成的巨大空间，各种铸造设备、铸件产品以及生产工艺被完整地保留和展示。2011 年，沈阳铸造博物馆进一步改扩建，并命名为“中国工业博物馆”，面积比原铸造博物馆扩大了近三倍，建设了铸造馆、机床馆和通史馆。

工业旅游兴起于欧美发达国家，主要是以工业文明的旅游参观为主题，组织工业历史地段的休闲观光、旅游服务、商业娱乐、文化体验等功能和路线，部分工业历史地段以大规模综合性旅游项目为触媒，或与特色小镇等重点项目建设统筹布局，充分利用大型项目带来的轰动效应和品牌效应，促进工业历史地段的活力和吸引力提升，从而带动周边区域的整体转型发展。

柳州工业博物馆外观
来源：作者摄

柳州工业博物馆内景（一）
来源：作者摄

柳州工业博物馆内景（二）
来源：作者摄

沈阳铸造厂老厂房改造的工业博物馆
来源：作者摄

浙江龙泉国营瓷厂改造的工业旅游基地
来源：作者摄

浙江龙泉国营瓷厂改造前
来源：龙泉市住建局提供

浙江龙泉国营瓷厂改造后
来源：作者摄

浙江省龙泉市国营瓷厂老厂区历史地段在保护更新时确立了以青瓷文化为主题建设工业旅游目的地的总体目标，完整地保留了原国营瓷厂老厂区的工业厂房、青瓷研究所大楼、大烟囱等特色建筑物、构筑物，保护修复了龙窑、倒烟窑、水碓等瓷土加工设施，通过对工业历史地段内6700多平方米的老旧厂房进行更新改造，建成了龙泉市国营瓷厂历史陈列馆、现代青瓷艺术馆、青瓷文化墙等与青瓷文化相关的展示空间，形成了集青瓷生产体验、青瓷文化展示、休闲与旅游观光为一体的重要功能板块，已成为龙泉近现代青瓷生产和文化展示的重要平台。2018年被列入浙江省第一批工业旅游示范基地。

（三）艺术商业改造模式

由艺术家们自发地对老工业建筑和厂区进行改造再利用是工业历史地段更新的起源和特色现象，工业遗迹冰冷、震撼的视觉冲击与艺术、时尚相结合往往给人们带来新的体验，许多城市工业历史地段改造的艺术区已经成为城市的特色名片地段。形成于20世纪90年代的北京798艺术区当数中国最早也是最著名的艺术区，目前已经成为代表中国和亚洲先锋艺术的前沿阵地。近年来，除798艺术区外，上海苏州河沿岸仓库区、沈阳重型机械厂改造的艺术区、景德镇陶溪川艺术区等声名鹊起，使得时尚艺术区成为社会公众最为熟知的工业历史地段和建筑改造方式。

沈阳重型机械厂始建于1905年，在新中国成立后成为沈阳重工业体系中的重要企业，多年来创造了四十多项“共和国第一”。2009年沈阳重型机械厂老厂区停产并整体搬迁。2009年5月18日，沈重二金车间用炼出的最后一炉铁水浇铸了“铁西”二字后，圆满完成了自身的历史使命。2010年，沈阳重型机械厂老厂区进行更新改造，除了二金车间部分保留外，其余全部拆除进行房地产开发建设。对保留的二金车间进行了保护和适应性更新，引入了数十家艺术家工作室、生活艺术馆、文化创意馆、文化酒吧、主题咖啡、特色餐饮等。内外空间设计中保留了和利用了原有的工业建筑结构、机器设备等元素，成为沈阳最具工业文化特色的艺术商业地段。

但是需要强调的是，艺术区与工业历史地段的融合大多不是预先规划控制引导的结果，而是民间力量的产物，甚至是艺术家、市场、工业企业、政府等多方力量博弈平衡的结果，具有很大的偶然性。因此，简单对成功案例的照搬和模式复制往往难以产生预期的效果。

原沈重集团的二金工车间位置示意

来源：作者摄

原沈重集团二金工车间改造的艺术商业区（一）

来源：作者摄

原沈重集团二金工车间改造的艺术商业区（二）
来源：作者摄

（四）开敞空间营造模式

改造为城市公园、景观绿地等公共开敞空间是我国工业历史地段保护更新实践中较早采用的模式之一。将工业历史地段的工业遗存遗迹作为景观元素进行保留、加工和再设计，对原有的工业生产带来的环境问题进行治理，并引入文化、休闲、体育、娱乐、科教等公共活动功能，往往会形成独特的空间体验和景观感受，也能逐步实现对工业历史地段的生态修复和环境治理。近年来，我国工业历史地段改造为开敞空间的案例不断增多，尤其是随着城市生态修复和功能修补工作的持续推进，这方面的实践进一步得到认可与推广，为大量工业历史地段注入了新的生机和活力，也为城市开辟了许多特色的公共空间景观和活动场所，取得了良好的环境效益和社会效益（见下表）。

我国工业历史地段改造为公园的实例（不完全统计）

名称	原功能	规模（公顷）
中山岐江公园	造船厂	11
唐山南湖公园	采煤塌陷区	1800
抚顺西露天矿森林公园	露天采矿区	—
黄石国家矿山公园	湖北大冶铁矿	108
淮北相城公园	工业废弃地	37
新乡世利生态园	废弃矿区	166.7
阜新海州露天煤矿矿山公园	废弃矿区	2800
汉旺地震工业遗址公园	东方汽轮机厂	172

来源:《城市老工业区更新的评价方法与体系：基于产业发展和环境风险的思考》

中山粤中造船厂始建于1950年代，是中山市社会主义工业化发展的象征，留下了几代人艰苦创业的历史记忆。1990年代后期停产并逐步废弃。1999年中山市政府决定将在船厂旧址上建设岐江公园。设计者运用了保留、改变（加法与减法）、再现等设计手法保护和展示了部分典型的工业化元素，如水泥框架的船坞、水塔以及龙门吊等机器。设计初期在学术界和社会上引起了较大的争议，但公园建成后广受好评，获得了美国景观设计师协会（ASLA）2002年度设计奖，成为我国工业历史地段改造为公共开敞空间的优秀案例。

二 保护更新实施主体

（一）政府主导更新建设

工业历史地段的更新是对城市和地区产业结构调整和空间布局优化的过程，也是土地资源和公共利益重构的过程。加之我国大量工业历史地段是计划经济时代的产物，原来的所有制结构基本以国有为主，建设之初工业用地也基本上是由政府划拨而来。因此，当前我国工业历史地段的更新建设实践，大多数采用了政府主导的方式。

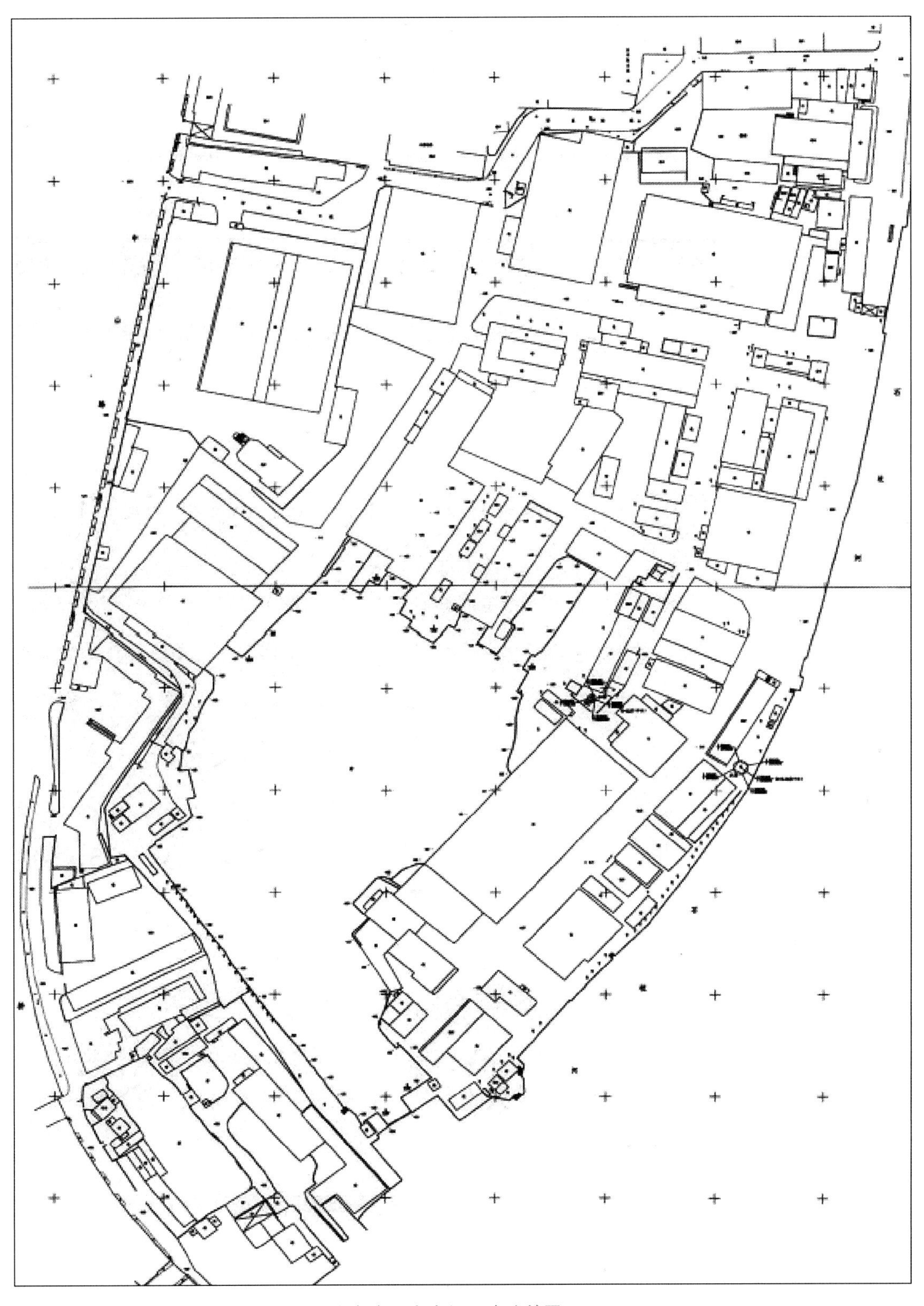

广东中山粤中船厂改造前平面图

来源:《足下文化与野草之美——产业用地再生设计探索，岐江公园案例》

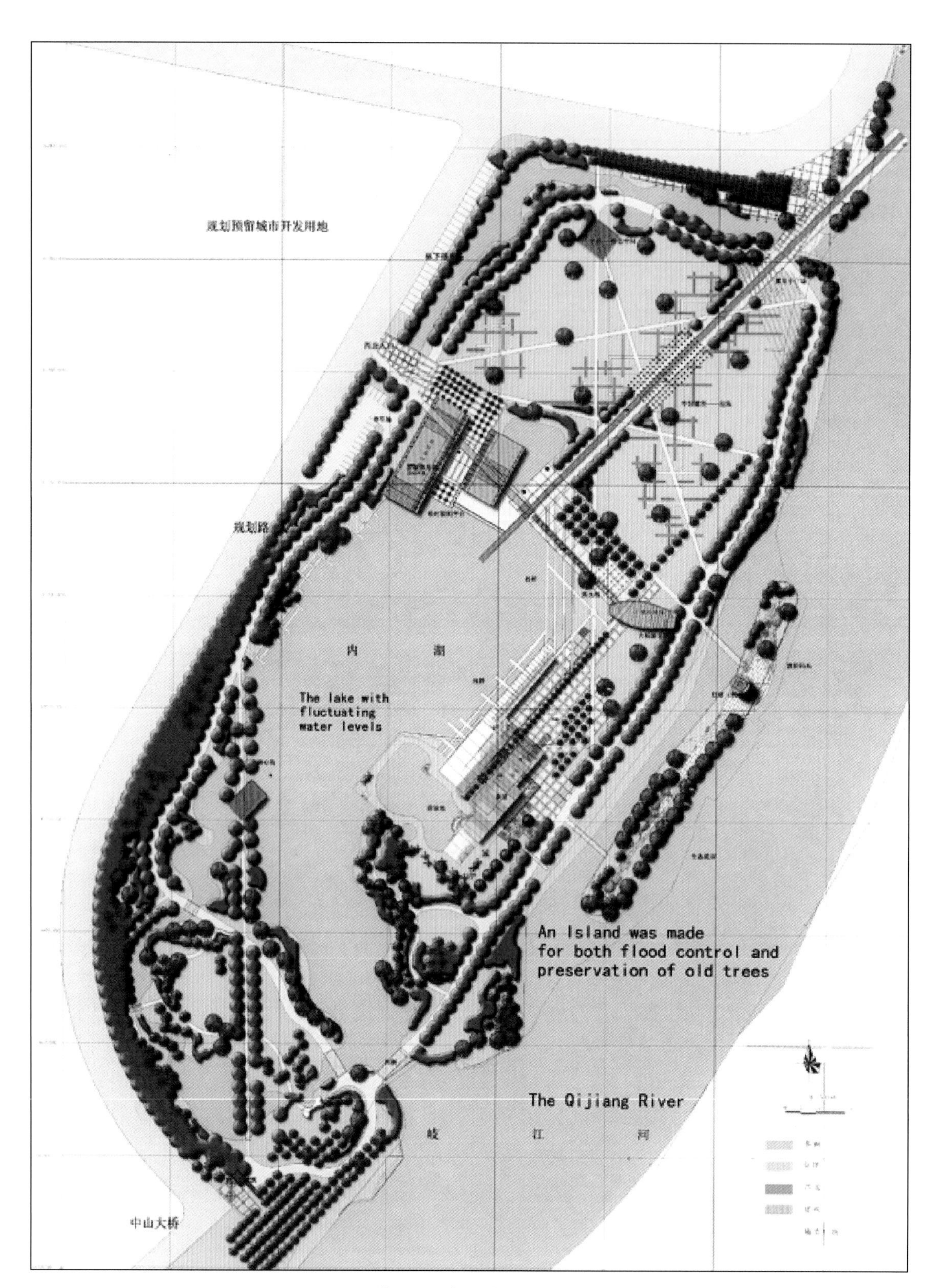

岐江公园规划方案平面

来源:《足下文化与野草之美——产业用地再生设计探索，岐江公园案例》

广东中山粤中造船厂改造前

来源:《足下文化与野草之美——产业用地再生设计探索，岐江公园案例》

广东中山粤中造船厂改造的岐江公园（一）

来源:《足下文化与野草之美——产业用地再生设计探索，岐江公园案例》

广东中山粤中造船厂改造的岐江公园（二）
来源：《足下文化与野草之美——产业用地再生设计探索，岐江公园案例》

广东中山粤中造船厂改造的岐江公园（三）
来源：《足下文化与野草之美——产业用地再生设计探索，岐江公园案例》

作者调查发现，政府主导通常是通过一些关键步骤来进行具体实施操作，当老工业企业因种种原因而面临破产、兼并、重组、改制时，政府会针对性地制定相关政策促进企业的搬迁、转型等，并对企业原有的工业用地进行土地收储整理，编制控制性详细规划调整土地使用功能，并提出工业遗产保护利用、公共服务设施配套、开敞空间布局等相关要求，后续建设则有多种具体的操作路径，或是政府直接以行政指令的方式安排一些重大项目和活动，或是政府委托其下属的城市投资公司进行更新建设和运营，或是以土地市场化的方式引入市场企业进行开发建设，政府获得相应的土地收益。

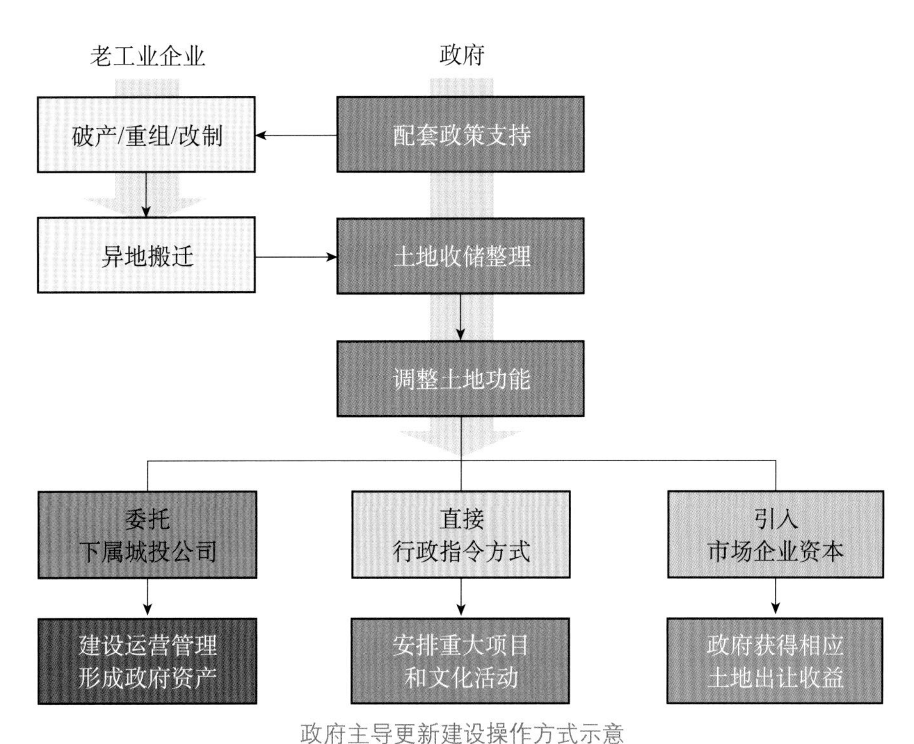

政府主导更新建设操作方式示意

来源：作者绘

政府主导推动的工业历史地段更新，对于工业遗产保护、公共利益维护和城市人居环境提升都具有不可替代的重要作用。但是，单一政府推动的更新模式也存在显而易见的弊端，在政府的行政指令下建设的一些标志性工程项目和活动，尤其是一些商业功能和活动，其建设目标和建设规模容易脱离市场需求而被简单放大，短期内的负面影响尚不明显，但长期必然会产生不适应性，影响地段的更新成效和可持续发展。

（二）市场主导更新建设

近年来，随着存量用地再利用和老城更新的深入推进，位于中心城区的工业历史地段成为房地产和商业开发的主要对象之一，引起了市场企业浓厚的兴趣。市场主导的更新建设逐渐成为工业历史地段再开发的重要路径。市场主导的更新建设毫无疑问都要追求经济利益最大化，尤其是位于城市优越区位的工业历史地段，市场主体本身获得土地使用权的成本较高，因此再开发实施至少要保证资金收支平衡，所以必然会尽可能地提高开发建设的强度，甚至整体建设成为单一封闭的住宅小区，加上开发主体对于老工业厂区缺乏深厚的历史记忆和情感，必然尽可能地拆除原有工业建筑物、构筑物，很不利于工业遗产的保护利用。

此外，位于中心城区的工业历史地段一般都是大量中小型工业企业的聚集，规模相对较小，市场企业主导的开发中通常是以原有厂区边界为单元进行建设，所以公共服务设施的配套往往与现代生活需求不相匹配。即使是对规模较大的厂区进行统一更新建设，其配套设施也往往不能从城市和片区整体需求层面进行布局，对于城市功能结构的正常运行会产生不良的影响。

（三）厂方自主更新建设

工业历史地段的土地最初基本都是由划拨获得的，在当前“退二进三”“退城进园”的大趋势下，原有工业用地上的生产功能大多停止或转移。但是，腾退后的土地若没有被政府收储，则企业仍然拥有土地的使用权，并且位于城市中心区而蕴含巨大的土地价值，所以相当数量的老工业企业都采取自主更新建设的方式。厂方自主更新建设常见的方式是维持地块的工业用地性质，但实际则利用闲置的厂房、仓库等引入文化创意产业、商业、餐饮、办公等功能，厂方收取租金获得收益。这类保护更新方式具有灵活性和适应性，并有利于工业历史地段活力的提升和工业遗产、历史记忆的保存延续。

在存量更新的背景下，这一更新方式对于城市活力提升和特色的加强起到重要作用，因此被作为经验加以肯定和推广，如 2007 年《国务院办公厅关于加快发展服务业若干政

策措施的实施意见》就指出："积极支持以划拨方式取得土地的单位利用工业厂房、仓储用房、传统商业街等存量房产、土地资源兴办信息服务、研发设计、创意产业等现代服务业，土地用途和使用权可暂不变更。"

各城市也纷纷出台了相关配套政策。2008年上海市密集出台了多项相关政策，《上海市经委、市委宣传部关于印发〈上海市加快创意产业发展的指导意见〉》提出："积极支持以划拨方式取得土地的单位利用工业厂房、仓储用房、传统商业街等存量房产、土地资源兴办创意产业，土地用途和使用权人可暂不变更。"《上海市规划和国土资源管理局关于印发〈关于促进节约集约利用工业用地、加快发展现代服务业的若干意见〉的通知》提出："积极支持原以划拨方式取得土地的单位利用工业厂房、仓储用房等存量房产与土地，依据国家产业结构调整的有关规定，在符合城市规划和产业导向、暂不变更土地用途和使用权人的前提下，兴办信息服务、研发设计、创意产业等现代服务业。"北京市2014年出台的《关于推进土地节约集约利用的指导意见》（国土资发〔2014〕119号）提出："鼓励闲置划拨土地上的工业厂房、仓库等用于养老、流通、服务、旅游、文化创意等行业发展，在一定时间内可继续以划拨方式使用土地，暂不变更土地使用性质。"

但是，这种不改变工业用地属性而进行经营性用途的方式显然是某一特定时期的过渡政策，与我国相关的法律法规和管理制度并不完全相符。对照我国城市规划建设管理的制度会发现，厂方擅自将工业用地转变为经营性用地，缺乏用地功能变更的许可，则无法办理规划、建设等一系列相关的手续，导致项目在消防、环评等方面存在诸多隐患，并很可能随着政策的调整变更而面临被处罚的境遇，长期来看必然会影响地段的招商引资，仅有部分中小微企业会选择其作为发展初期的过渡性经营场所。

随着城市转型提升逐步成为发展趋势，前一阶段积极鼓励老工业用地发展创意产业、现代服务的方向有所调整，近几年的政策更加强调存量补地价、按规定补交土地出让金等方面，老工业用地的转型逐步进入正规化、合理化的轨道。如2017年《上海市人民政府印发〈关于创新驱动发展巩固提升实体经济能级的若干意见〉的通知》中要求："加大存量土地二次开发力度，鼓励符合产业导向及规划要求的现状优质企业开展技术改造，存量工业和研发用地按规划提高容积率的，各区政府可根据产业类型和土地利用绩效情况，确定增容土地价款的收取比例。"

三 保护更新存在问题

我国工业历史地段保护更新目前存在三个方面的阻力和问题，分别体现在遗产保护方面、功能转型方面、生态环境方面。

（一）遗产保护方面

1. 重经济价值的利用，轻历史文化价值的保护

工业历史地段作为新型文化遗产，其蕴含的历史文化价值还有待进一步认识。我国的工业化起步较晚，大规模工业建设主要发生在新中国成立以后，绝大多数工业遗产的历史不超过一百年。近年来，虽然全社会对工业遗产的保护有了一定的共识，但是远没有像对待传统的文化遗产那样重视，尤其是对新中国工业建设的遗存尚未引起足够的关注。在快速城镇化进程中，土地是稀缺资源，区位优越的工业历史地段，在城市改造中往往被定为整体拆除的对象。此外，工业历史地段因场地污染、建筑破旧等形象在部分公众心目中是“肮脏、落后”的代名词，拆除过程也很少涉及复杂的居民利益，所以相较传统的历史文化街区，工业历史地段的社会关注度、拆除成本相对较低，很容易造成大规模拆除。

宜宾纸业老厂区始建于1944年，前身为“中国造纸厂”，是中国第一张新闻纸的诞生地和西南地区近现代造纸工业的重要遗存地，厂区布局与自然山水及地形地貌完美结合，工艺流程清晰，建构筑物造型优美。2011年整体搬迁至新区工业园区，旧厂区原有空间格局和工艺流程设施保存完整，内部空间有改造再利用的可能性。但是，这样一处充分体现我国西南地区工业化进程历史成就的地段，在2017年被整体拆除，除保留了1处文物保护单位（教堂）外，其余片区在短期内被夷为平地。目前该地块已引入了商业地产开发项目。

即使近年来的实践对于工业遗产的保护逐渐得到认同，但是保护更新大多数是看中工业历史地段良好的区位、工业建筑可灵活改造的大空间、简单清晰的产权关系，以及独特体验带来的新鲜感和商机。而对于工业历史地段和工业遗产承载的历史、文化、技术、景观价值等缺乏深入系统的认识和有效的保护传承，导致大量老工业建筑改造后空间雷同、原有特色丧失。

2013 年的宜宾纸业老厂区

来源：作者摄

2018 年几乎被夷为平地的宜宾纸业老厂区（一）

来源：作者摄

2018 年几乎被夷为平地的宜宾纸业老厂区（二）

来源：作者摄

北京手表厂改造的双安商场

来源：作者摄

柳州电子管厂改造的商业设施

来源：作者摄

2.重单体建筑保护再利用，轻整体地段的系统保护更新

近年来，发达国家当前对于工业遗产价值特征的认知不断提升，由单体建筑物、构筑物逐步拓展到地段层面及其环境的整体保护，形成了德国鲁尔老工业区、英国德文特河谷工业区整体保护更新等经典案例。我国目前对于工业遗产的认识还停留在单体建筑物等点状要素，对工业历史地段的保护更新主要聚焦在单体建筑、构筑物的改造利用，而对于地段尺度的遗产群、流程组织、环境特色等要素之间的关联性特征缺乏系统认知和整体保护展示，导致大量工业历史地段仅保留部分典型建筑物、构筑物，其余片区被大面积拆除。

沈阳铁西工业区形成于20世纪30年代，面积约32平方千米，是“一五”“二五”时期国家重点建设的机电装备工业基地，是我国最大最密集的城市工业区。20世纪80年代末，铁西区工厂纷纷倒闭，大量工人下岗，面临严重的社会问题。21世纪初在对铁西工业的更新改造时，由于地段土地价值不断升高，地方政府舍弃了整体保护更新方式，采用了局部保护利用，整体进行房地产开发的方式。数十年形成的大规模工业空间格局和历史记忆几乎化为乌有。

沈阳铁西工业区改造前
来源:《中国国家地理》

沈阳铁西工业区改造后
来源:《中国国家地理》

郑州国棉三厂建于1953年，是“一五”时期郑州重要的棉纺织企业，国棉三厂沿陇海线布局，生产、仓储区域以内部支线铁路连接成整体，并与陇海线相连，生产区域与办公区、厂前区整体布置，生活区与生产办公区以城市支路相隔，这种经典的布局模式迅速在当时全国各大城市的大型棉纺厂得以推广和复制，具有整体性价值。但是，国棉三厂自2003年搬迁至新区工业园区后，老厂区北侧生产、仓储区域的用地被转让给房地产企业进行开发，建设了大量高层商住楼，老厂区的整体格局风貌彻底改变。2011年3月，国棉三厂办公楼被确定为郑州市文物保护单位，并规划以主办公楼和西配楼为一体建设郑州纺织工业博物馆。然而不足1年，办公楼西配楼遭到拆除。

1980年代的郑州国棉三厂
来源：郑州市中原区人民政府提供

2017 年的郑州国棉三厂
来源：作者摄

（二）功能转型方面

1. 自我封闭性导致工业历史地段对城市更新反应迟缓

长期以来，工业历史地段产业体系相对完备，配套设施相对齐全，与周边空间界限明显，具有很强的自我封闭性。工业历史地段本身的发展演化类似于一个独立的生命有机体，遵循“形成→发展→成熟→衰退”四个阶段的有序生命过程，对于外界的城市功能调整和空间转型反应比较迟钝和滞后。因此，在城市发展转型和生态文明建设的新阶段，城市的各个工业历史地段几乎不约而同地步入其生命周期的衰退期，成为城市中落后衰败的典型地区。

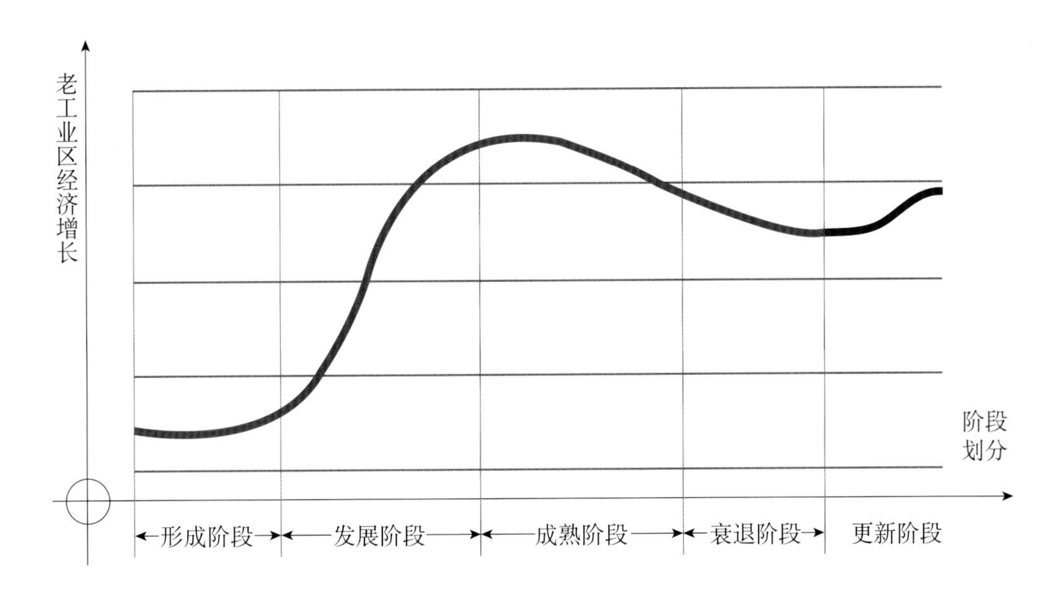

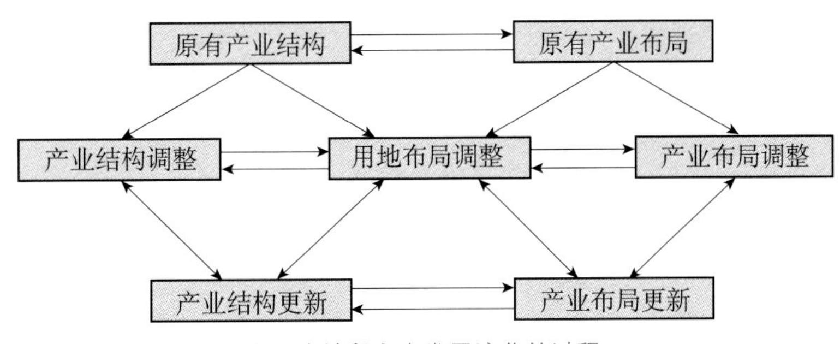

工业历史地段自身发展演化的过程

来源：作者绘

2. 重自下而上主观的功能改造，轻总体层面功能更新的统筹

工业历史地段是城市空间和功能的重要组成部分，其更新改造并非仅是地段本身的功能转换和空间重塑，而是要实现与新时代城市理想空间结构和功能布局有机融合、互相促进。对于工业历史地段而言，要从城市和片区整体功能布局、空间结构及产业定位等方面明确地段的功能空间组织。对于地段本身而言，其保护更新如果脱离城市整体发展框架而率性为之，就会成为无源之水、无本之木；对于城市而言，需要在整体发展框架下引导单个工业历史地段通过保护更新形成合力，共同促进城市产业转型和空间结构优化。

然而，当前我国工业历史地段的保护更新实践呈现碎片化的状态，通常多由一些个体业主或开发主体基于自身需求进行改造，缺乏城市层面的整体思考，没有把

工业历史地段的保护更新与城市总体的规划和战略发展布局有效关联，地段改造的主观随意性强，部分改造项目与城市规划产生冲突，部分项目则是以商业开发随意替代规划确定的公共职能，长远来看必然影响工业历史地段活力持续提升和城市的可持续发展。

广州纺织机械厂创建于1956年，2007年停产后老厂区地段命名为T.I.T创意园并进行改造。T.I.T创意园的定位主题为“时尚、创意、科技”，充分利用老厂区的原有空间和工业建筑，以服装时尚产业为依托，大力引入创新创意、科技互联网等新型业态。2010年8月6日，T.I.T创意园举行开园庆典，2010年9月被广东省发改委认定为“广东省现代服务业集聚区”，2012年7月微信总部签约入驻园区，目前已成为广州工业历史地段保护更新的一面旗帜。但是，作者查阅相关资料发现，T.I.T创意园是广州新城中轴线的重要组成部分，在《广州市中轴线南段控制性详细规划》《海珠生态城启动区控制性详细规划》等规划中，T.I.T创意园所在的大部分地块规划控制为城市公共绿地，因此当前的创意产业园区并不符合上位规划的要求。

建于1956年的广州鹰金钱食品厂是当时亚洲最大的罐头厂，2008年鹰金钱食品厂迁出广州市区，老厂区的土地收归国有，使用权出售给市场主体改造为红专厂创意园，改造后的厂房出租给其他企业使用。但是，红专厂内部的商业运营与城市土地建设管理的相关规定产生了一定的脱节和冲突，对照相关法规政策来看，红专厂创意园内的建筑属于临时建设，经营期最多只有6年。不稳定的租赁关系和烦琐的营业报批程序是红专厂创意园未来可持续发展的瓶颈和隐患。

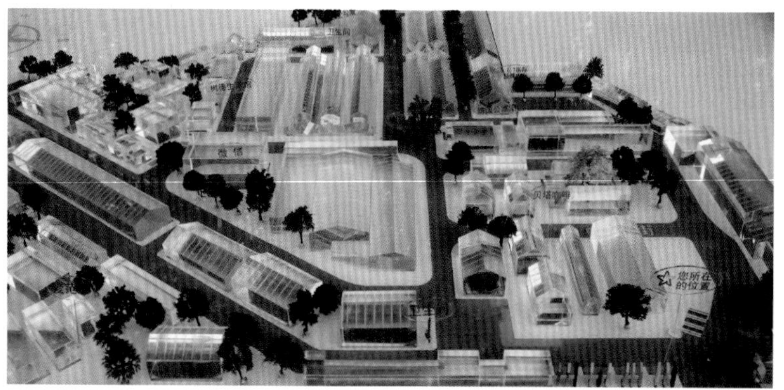

广州纺织机械厂改造的T.I.T创意园与规划用地性质不符

来源：冯小航提供

（三）生态环境方面

1. 工业历史地段具有污染环境的基本属性

工业时代的技术体系起源于蒸汽技术和内燃技术，20 世纪以来全世界范围内逐步建立了以煤炭、钢铁、化工、机械加工等重工业为主体的工业框架，它们都具有消耗资源、污染环境的基本属性。新中国成立后，我国的重工业框架迅速建立，工业建设成为国家和城市高速发展的引擎，经过数十年的快速发展，各个城市的工业历史地段成为自然资源环境和人类生产活动高强度作用的典型地区，必然产生了大量的污染物，除了生产过程中排放的各类有害气体、烟尘、废水以外，停产后场地内的残留物沉淀也会逐步污染土壤、地下水等，尤其是一些污染严重的重化工企业，还可能残留有毒的甚至是放射性的重金属和化学物质。

2. 工业历史地段再利用忽视工业污染治理

工业污染会对人类、动植物造成危害，因此工业历史地段的保护更新中对场地的生态修复与重构至关重要。欧美发达国家将工业用地统称为“棕地”，其重要原因之一是很早就关注到老工业用地污染造成的危害，几乎所有涉及“棕地”的法律法规、技术标准、资金使用等方面的规定都紧密围绕污染治理而定。但是，这一事关人民群众身体健康甚至是生命安全的重大问题，在我国近年来的工业历史地段改造实践中几乎被彻底忽视，大量老工业用地上的开发建设项目存在极大的环境安全隐患。近年来，一些毫无治理措施的“毒地”开发项目越来越多地被关注、曝光、质疑和强烈反对，甚至带来了普通民众的集体恐慌，严重违背了以人民为中心的发展理念。

具体规划技术标准的不健全，也是老工业用地更新中难以全面治理污染的重要原因之一。当前，我国城市用地分类中的工业用地，是按照工业生产过程中对居住和公共环境的干扰程度进行分类：基本无干扰的为一类工业用地，有一定干扰的为二类工业用地，有严重干扰的为三类工业用地。但是，这种分类方式关注的重点是具备生产属性的工业用地与城市的相对空间关系，适用于对新增工业用地的布局引导。对于失去生产功能的工业用地更新再利用时，这种分类难以有效避免老工业用地残留污染物对公共环境的干扰。例如工业污染中的空气污染、噪声污染在工厂停止生产后会明显改善，而土壤污染则会长期存在。

第五章

工业历史地段价值评估和保护体系

工业历史地段的保护更新，首要任务是保护，但是当前全社会对于工业遗产的认识和保护才刚刚起步，对地段尺度老工厂的系统保护仍然任重道远。作者研究发现，工业历史地段的保护并不像单一文化遗产的保护那样简单纯粹，需要以高更广阔的视角对工业历史地段蕴含的综合价值进行系统认识和科学评估，明确保护的重点，构建适应性的工业历史地段保护体系。

一 价值评估方法

工业历史地段保护更新最重要的前提，是对地段综合价值的认知和评估。本书充分结合工业历史地段的典型特征，并借鉴历史文化遗产价值认知的基本方法，创新性地提出了工业历史地段价值评估“五法”，即文明演变整体分析法、技术进步比较分析法、历史脉络连续分析法、文化系统关联分析法、工人群体情感分析法。

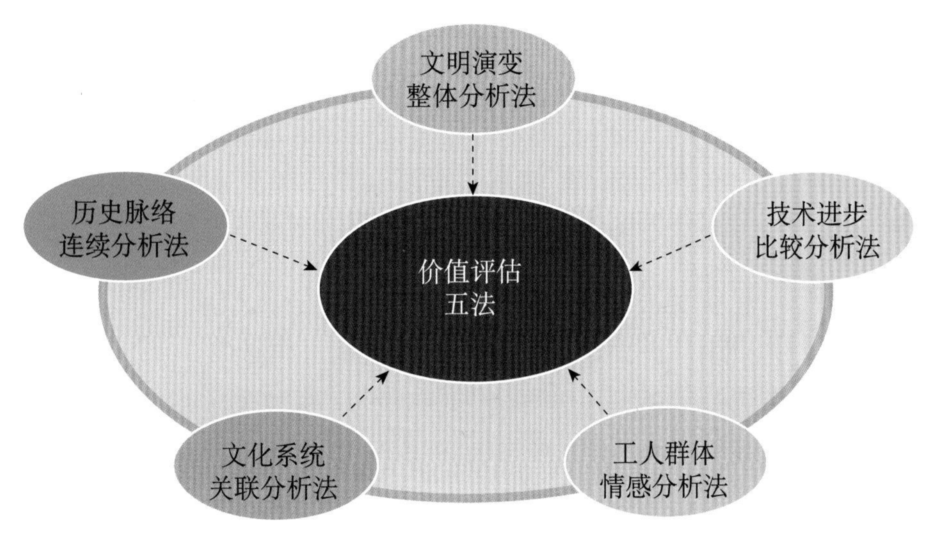

工业历史地段价值评估“五法”
来源：作者绘

（一）文明演变整体分析法

作者调查发现，公众对于工业历史地段的兴趣远低于传统意义的遗产，相较于标准化图纸指导下快速批量建成且已破败不堪的老厂区和车间，那些历史悠久、技艺精湛、浓缩了工匠精神的古代宫殿庙宇楼阁往往更具有吸引力，更容易引发人们思古之幽情。如何认识、保护和传承工业历史地段作为遗产的核心价值，是作者重点思考的首要议题。

“不识庐山真面目，只缘身在此山中”，对于晚近的、日常化的工业文明以及工业遗存，人们早已习焉不觉，很难引起高度的关注。因此，对于工业历史地段的核心价值认识，只有跳出地段和建筑本身，从人类文明发展演化的高度进行理性审视，并深入认识工业时代的生产、经济、社会、文化特征，才能客观剖析工业历史地段的核心价值，从而构建适应性的保护体系。

人类文明的发展大致经历了四个阶段，即渔猎文明时代、农耕文明时代、工业文明时代、生态文明时代。每个时代都会留存相应的遗产，各阶段的遗产形态迥异、特征鲜明，但历史文化价值一脉相承，共同构成了人类文明发展进步的完整历史见证。作为人类文明的重要发展阶段，工业时代极大地解放和促进了社会生产力的发展，创造出前所未有的巨大社会财富和物质文明，深刻地改变了人类的生产生活方式，人们当前生活在一个由工业文明提供基本支撑结构的社会网络之中。

工业历史地段是工业社会发展演化过程中的产物，是工业文明的典型物质空间载体。因此，对工业历史地段的价值认知首先应当突破“以古为贵”的传统视角以及地段空间和建筑物、构筑物本身的具体形态，深入研究其区别于农业文明时代传统建筑和历史地段的基本特征和价值，保护工业文明的典型遗存，保存人类文明的完整性和延续性。

农耕文明时代的建筑

来源：作者摄

农耕文明时代的地段

来源：作者摄

工业文明时代的建筑

来源：《后工业时代产业建筑遗产保护更新》

工业文明时代的地段

来源：《后工业时代产业建筑遗产保护更新》

（二）技术进步比较分析法

工业文明时代最显著的标志是生产工具由刀耕火种的农业器具升级为具有动力的大机器，机器化大生产使得工业文明突破了传统农业生产方式的束缚，形成了崭新的社会生产组织模式，为人类文明的发展提供了强大的物质基础。技术进步是工业化发展演变的重要特征，技术革新构成了工业化进程的核心，纵观工业化到今天短短的200年间，技术的不断进步和更新换代使工业文明对世界的改造程度远远超过人类之前成千上万年所创造的总和，人类物质匮乏和生活贫困的状况得到了根本性改变，真正开始迈入了现代社会[1]。

① 马克思在《机器、自然力和科学的应用》中写道："火药把骑士阶层炸得粉碎，指南针打开了世界市场并建立了殖民地，而印刷术则变成新教的工具，总的来说变成科学复兴的手段，变成对精神发展创造必要前提的最强大的杠杆。"

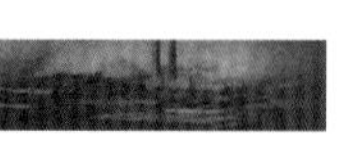

1765 年英国纺织工人哈格里夫斯发明了珍妮纺纱机，机器生产逐步代替了手工劳动，19 世纪 40 年代蒸汽机得以广泛应用。随后，各项工业技术发明如雨后春笋般接踵而至，生产生活方式不断改进，蒸汽机、焦炭炼铁、新纺织机等技术让世界眼花缭乱、应接不暇[①]。1851 年，英国伦敦举办了万国工业博览会，600 多万人参观了数万种最新发明的工业品。1855 年，法国巴黎举办了第二届世界博览会，人们在这次博览会上首次看到了橡胶和混凝土等工业时代的代表性产品。

1870 年至 1900 年，工业化进程中的第二个阶段（第二次工业革命）——电力时代迅速拉开帷幕，以美国和德国为中心，以德国工程师西门子发明的世界上第一台大功率发电机为标志，电力广泛运用于工业生产之中，爆发出更为巨大的生产力，诞生了汽车、飞机、电灯、电报、电话等新技术产品[②]，奠定了现代社会生产生活方式的基本雏形，影响之深远超几十年前的蒸汽机时代。

20 世纪 50 年代出现的新科技革命把工业文明再次推向巅峰，它以原子能、电子计算机和空间技术的广泛应用为标志，超越了单一的工业生产领域，涉及信息技术、新能源技术、新材料技术、生物技术、空间技术、海洋技术等多个领域，是人类历史上规模最大、影响最深远的一次科技革命之一，深刻地改变了人类的生活方式和思维体系。

历次工业革命的历程及要点

事件	时期	主导技术	衍生产业	主要特征
第 1 次工业革命	1760—1860 年	蒸汽动力技术	煤炭、纺织、冶金、机械制造等	工业时代开端 对自然资源大规模开采 城市化进程逐渐加快 资产阶级兴起
第 2 次工业革命	1870—1950 年	电力、内燃机技术	煤炭、钢铁、电力工业、机械制造、化工、石油、通信、汽车等	新型工业体系确立 重化工业成为主导产业 人口增长和城市扩张加剧 垄断行业和技术出现
第 3 次科技革命	1950 年以来	原子能、电子计算机、空间技术、信息、新材料、新能源、航天、海洋技术等	微电子工业、通信业、新材料工业、新能源产业、生物工程技术产业、航天产业、海洋开发	涉及极其广泛和全面的工业领域 以科学技术发展为基础 全球经济一体化

来源：作者制

① 1807 年，美国人富尔顿发明了汽船；1814 年，英国人史蒂芬孙发明了蒸汽机车；1825 年，英国建成了世界上第一条铁路……

② 英国人法拉第的电磁感应理论为电力时代的到来奠定了技术基础；赫兹发现了无线电波，马可尼发明了无线电报，贝尔发明了电话，奥托制造了内燃机，本茨发明了汽车，莱特兄弟发明了飞机，格拉姆发明了电动机，爱迪生发明了电灯……

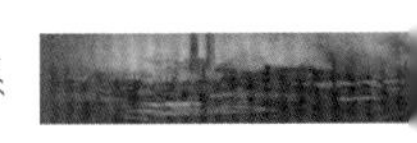

工业技术的自我革命和自我淘汰是工业文明区别于农耕文明的重要特征之一。因此，作为工业文明的载体，工业历史地段和工业遗产区别于农耕时代遗产最显著的特征之一，就在于其本身是科学技术进步的产物。正是认识到这一典型特征，西方的工业考古将更多的力量集中在工业技术特征方面的研究，并认为这是工业考古对人类最有价值的贡献。2003 年，联合国教科文组织对工业遗产的内涵进行了界定——除了工业生产厂区厂房以外，还包括“由新技术带来的社会效益和工程意义上的成就”，包括铁路、运河、桥梁、场站、工业城镇等，这一概念突出强调了不同时代背景下技术进步带来的建设成就，技术进步也成为界定工业遗产的重要依据之一。

因此，研究工业历史地段及其附属遗产的价值，应当将其置于整个工业技术发展史的系统演进脉络中加以理解和认识，重点研究在所属行业技术发展史上，工业历史地段和相关附属遗产是否具有重大技术变革的意义，在其诞生和成熟运用的阶段是否具有“里程碑”性质和引发了划时代的技术革新，是否对新技术的孕育、生产组织方式和生活方式的变革做出过重要贡献。

（三）历史脉络连续分析法

中国的工业化进程虽然起步较晚，但是工业生产与传统手工业融合形成了独具中华文化特色的价值特征，李鸿章曾提出“洋机器于耕织、刷印、陶埴诸器，皆能制造”，中国的近工业化进程也自然地融入了中华文明整体连续的脉络之中。因此，对于那些由传统手工业作坊演化发展而来的工业历史地段，应当充分运用历史学的研究方法，以时间为主轴，系统梳理传统手工业的诞生、发展、成熟以及在工业化时期的变革等连续的历史脉络特征，分析不同历史阶段、历史背景、重大历史事件影响下的生产活动、社会组织以及物质遗存载体所呈现出的不同特点和发展演化规律，进而更加全面、深刻地认识工业历史地段及其附属建筑物、构筑物的价值要素和特征。

四川宜宾是中国著名的酒都，有史可考的酿酒记载可以追溯到先秦时期。唐宋时期宜宾酿制出一种经过多次重酿酒精浓度大幅提高的“重碧酒”；明清时期，蒸馏白酒在宜宾有了巨大的发展；清末和民国初期，宜宾出产的“杂粮酒”广受好评，后改名为五粮液，蜚声海内外。五粮液的传统生产工艺充分体现了农耕文明时代的经验积累，在黄泥构筑的地穴式窖池中进行曲酒发酵，数百年来窖池中丰富的功能性微生物不断遗传、变异、优化、累积，形成了独特浓郁的“窖香”特征。近代工业化的到来，使传统酿酒工艺的进一步提升，也使得农耕时期的工艺、经验得以活态传承，传统老窖池至今仍用于五粮液调味基础酒的生产，不断彰显着经济和文化价值。

农业时代五粮液传统酿制空间
来源：作者摄

工业时代五粮液酿制空间

来源：作者摄

（四）文化系统关联分析法

系统性、关联性是中国传统文化的典型特征，即使进入了工业时代，系统性、关联性的文化特征在工业文明的遗存中也得到了充分的体现和传承。此外，工业地段建设区别于传统历史文化街区的突出特征之一是建设之初就按照生产功能需求统一规划、统筹布局，各个厂房、车间、仓库、机械设备、附属建筑物、构筑物等要素之间具有紧密的、稳定的功能联系，共同构成了工业历史地段的完整性，形成了整体价值特色，单独任何个体要素都无法体现出它所处时代和功能的全部价值。

但是，我国工业遗产保护工作肇始于社会自发对老工业建筑的改造再利用，所以长期以来很少深入认识工业历史地段的整体性和系统性，导致目前的实践成果主要是保留改造利用了一些典型的老工业建筑物、构筑物，而那些体现整体性价值的整体格局、生产工艺流程、重要机器设备、生产环境等特色要素被大量破坏或清除，使得工业历史地段的整体价值和特色大打折扣。

因此，对于工业历史地段的价值认知，应充分运用文化系统关联分析的方法，在对各个要素的个体变化特征和价值认识的基础上，系统分析各要素之间历史上长期形成的相对稳定、相互关联的演化关系，从区域及更大范围的工业化进程、自然地理、人文环境等角度全面审视、深入认识城市发展演化规律下工业历史地段的历史地位，了解人类生产活动与区域人文地理环境之间互动演化所形成的整体价值。

从整体性、关联性的视角来看，很多城市成片的工业历史地段体现了近现代工业化时期城市营建思想的精华，如洛阳涧西工业区、沈阳铁西工业区等。还有一些分布于不同空间区域的工业历史地段，却因某一特定的主题、线路或功能而具有共同的历史文化特征，构成了完整独立的文化系统。

津浦铁路（天津—南京浦口）始建于1908年，1912年全线筑成通车，全长1009千米，贯穿东部四省，共设车站85个，是中国近代东部地区的南北向交通主动脉，将华北、长三角、冀鲁苏皖等广大地区紧密联系，带动了沿线新兴工业城镇的蓬勃兴起和主要城市的近代化发展转型。津浦铁路沿线的大量工业历史地段之间具有密切的文化关联性，整个津浦线南段场站建设采用统一的标准化图纸，客站南北向布置三排房屋，呈“山”字形，建筑采用矩形平面、四坡屋顶，建筑檐口与外墙相交，具有典型的英式建筑风格。货站布置在铁路西侧、客站布置在东侧，形成了工业体系主导下统一的流线组织方式。

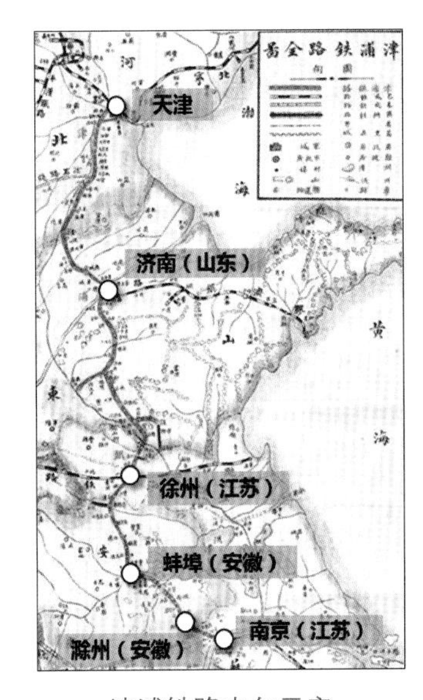

津浦铁路走向示意

来源：作者绘

津浦线货运场站布局模式示意

来源：《滁州历史文化名城保护规划》

（五）工人群体情感分析法

工人阶级的群体情感、集体记忆以及形成的时代精神和价值观是工业文明留给当代和后代的特殊遗产，对工人阶级群体情感、历史记忆和精神内涵的梳理分析是工业历史地段价值评估的重要方法和线索。

对于工人群体而言，工业历史地段是联系集体情感的精神纽带。生产车间里不同的工人各司其职、熟练配合，生活区里家家户户互帮互助、和谐共处。在长期的共同劳动、共同生活中，广大工人和家属们彼此之间结下了深厚的友谊。在老工厂停产、城市工业用地腾退的历史进程中，曾经一起奋斗和生活过的工人群体大多各奔东西，但是工业历史地段上保留的建筑物、构筑物、景观环境、标识等要素依然是他们曾经共同拼搏奋斗的历史见证，是广大工人情感寄托和友谊延续的纽带。

对于工人自身而言，工业历史地段是工人对自身身份认同、职业自信的重要载体。作者调查发现，工业大发展大建设时期，工人阶级有着较高的社会地位和身份自信。而且工人自身的专业技能也是进入工厂后逐步经历学徒、新手、普通工人、熟练工人等循序渐进积累而成，工业历史地段正是承载和记录一代一代工人成长的空间场所，也是过去生活的美好家园，工业历史地段留存下来的工厂、设施设备、标语壁画、宿舍、影剧院等是工人一生中最重要的历史记忆和精神指引。

总之，工人群体在长期工作生活奋斗中形成的独特精神和主流价值观，为工业文明时代发展进步提供了深层次的动力和强有力的支撑。在工业文化自我革命的演化进程中，物质性的技术和设备很容易被淘汰和更替，但自立自强的工业精神和情感记忆则可以代代传承。我国当前仍处在社会主义初级阶段，传承和发扬工业历史地段承载的工业时代自立自强、敢于拼搏、勇于创新的精神，对于我国的社会主义现代化建设具有重要的价值和意义。

滁州站
来源：《滁州历史文化名城保护规划》

东葛站
来源：《滁州历史文化名城保护规划》

徐州站
来源：《滁州历史文化名城保护规划》

南京站（浦口）
来源：作者摄

二 综合价值构成

通过工业历史地段的价值系统评估“五法”的综合运用，结合《下塔吉尔宪章》（2003）中提出的工业遗产价值包含的历史价值、科学技术价值、社会价值、审美价值，以及《国家工业遗产管理暂行办法》（2018）确定的历史价值、科技价值、社会价值和艺

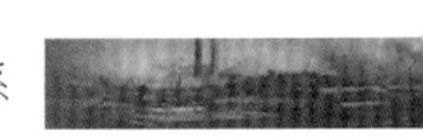

术价值等分类，统筹考虑地段保护与更新的综合需求，本书将工业历史地段的价值构成界定为历史文化价值、科学技术价值、社会情感价值、艺术美学价值和经济利用价值。

（一）历史文化价值

工业历史地段是工业文明时代的重要见证和载体，其历史文化价值强调工业历史地段对于历史的见证意义，一般包括某个历史时期或重要历史节点上人类生产生活组织方式、社会发展历程的见证，或体现人类改造自然的能力和创造力，或与相关的历史人物、历史事件密切关联，或存在于人们的记忆和口口相传的非物质文化遗产，对相应时期历史文献记载具有证实、补充和完善的意义。例如，在早期民族工业的带动下，中国诞生了无产阶级和资产阶级，为辛亥革命的爆发和新中国的建立奠定了重要的基础。此外，工业历史地段在城市中的区位、功能布局、工艺流程以及与城市其他功能的关系等方面能够充分体现特定时代的城市规划思想，具有“规划遗产”属性的特殊历史文化价值。

（二）科学技术价值

科学技术价值是指工业历史地段在行业技术发展进步中所处的地位，在生产实践中的技术进步、创新和突破，包括研制改进新的技术、生产设备、生产工艺流程、组织管理方式或与著名的工程师、设计师、科学研究机构等密切相关。此外，部分工业历史地段最初的选址、规划设计、空间布局、建筑材料、建筑结构、建造技艺、体量造型等方面的突出成就也能体现地段的科学技术价值。科学技术价值代表一个地区在某一时段的工业科技发展水平，以及在相应科技发展水平下浓缩的社会生活面貌，可以生动地再现工业技术的发展史。

科学技术价值是工业历史地段的核心价值，是工业遗存区别于其他类型遗产的重要特征之一，具有突出科学技术价值的工业历史地段能够为后人保留和展示某一领域系统完整的工业生产技术发展轨迹，能够使公众更加清晰地认识工业文明的发展特征和历史贡献，以及在工业技术演变过程中人与机器设备密切互动形成的生产组织方式，也能为行业科学技术的进一步发展创新提供历史的灵感与启迪。

（三）社会情感价值

工业历史地段的社会情感价值是指地段与所在地域、民族、企业和普通人之间形成的情感联系、集体记忆、身份认同、精神信仰等。社会情感价值根植于工业时代的社会文化，从宏观视角来看，一些大型工业企业在中国近现代发展史上占有重要地位，在中国城市发展和经济发展史上具有里程碑式的作用，尤其是近代中国人自主创办的民族工业地段，赋予了民族进步图强和新中国经济建设丰厚的精神内涵，更是凝聚着数代工人阶级的心血和汗水，往往承载着强烈的民族认同和地域归属感。而从普通人的视角来看，对于长期生产生活在厂区里的广大工人，在工业时代特有的“先生产、后生活”“生产为主、生活为辅”等思想的指引下，通过日常的生产实践与机器设备、车间厂房等形成密切的情感联系，并在集体生产生活模式的引导下，形成了特殊的“工厂大院文化”。

（四）艺术美学价值

工业历史地段的艺术美学价值是指地段整体空间格局风貌和典型建筑物、构筑物的艺术美学品质，是人们能够直观体验到的价值。艺术美学价值外化表现为多样化的空间尺度、结构造型、材质色彩等形态，从而形成了鲜明的时代特征，反映了特定工业发展阶段的时代审美特征、设计流行趋势、建筑艺术形式、设计水平和艺术特色等。工业历史地段内的工业建筑群、构筑物、机械设备等大多具有坚固的结构、巨大的体量、独特的造型，能够体现出工业美学的艺术感染力，形成震撼人心的“工业技术之美”，部分著名的工业建筑物、构筑物能够代表某一时代的建筑流派和艺术风格，已成为城市的著名地标和独特的风景线。

（五）经济利用价值

工业历史地段相较于传统历史地段和建筑而言，建设年代相对较短、空间尺度较大，经过设计改造即可转换为多样化的功能用途，并且产权关系比一般的历史文化街区要相对简单明确，因而具有较大的潜在经济利用价值。所以，通过对工业历史地段空间的改

造再利用，置入适宜城市和地段发展的新型功能业态，就能够带来新的商机，从而焕发出新的活力，创造出巨大的经济价值，并且形成具有特色的城市空间资源。

三 地段认定标准

对照综合价值评估的内容，结合我国工业发展演化的特征和现状遗存的普遍状况，研究制定了老工业历史地段的认定标准。具备下列条件之一的老工厂、工业建筑群等地段，可以认定为老工业历史地段：

（一）地段在工业化发展时期或在行业历史上具有一定意义，或与社会变革或重要历史人物、历史事件相关；

（二）地段的功能布局、建（构）筑物、工艺流程等在工业生产技术变革中具有一定代表性，反映某个行业、地域或某一历史时期的技术创新和突破，对后续技术发展产生了一定影响；

（三）地段承载了丰富的工业文化记忆和精神内涵，体现了某一历史时期独特的生产生活方式，在社会公众中有一定的情感认同；

（四）地段的空间格局、肌理、风貌、建（构）筑物体现了某一历史时期或地域的审美取向、艺术特色、时代特征等；

（五）具备良好的保护和利用工作基础。

四 保护体系框架

以综合价值构成为导向，构建工业历史地段的适应性保护体系框架，主要包括空间格局的保护、建构筑物的保护、设备设施的保护、生产环境的保护和历史信息的保护等。

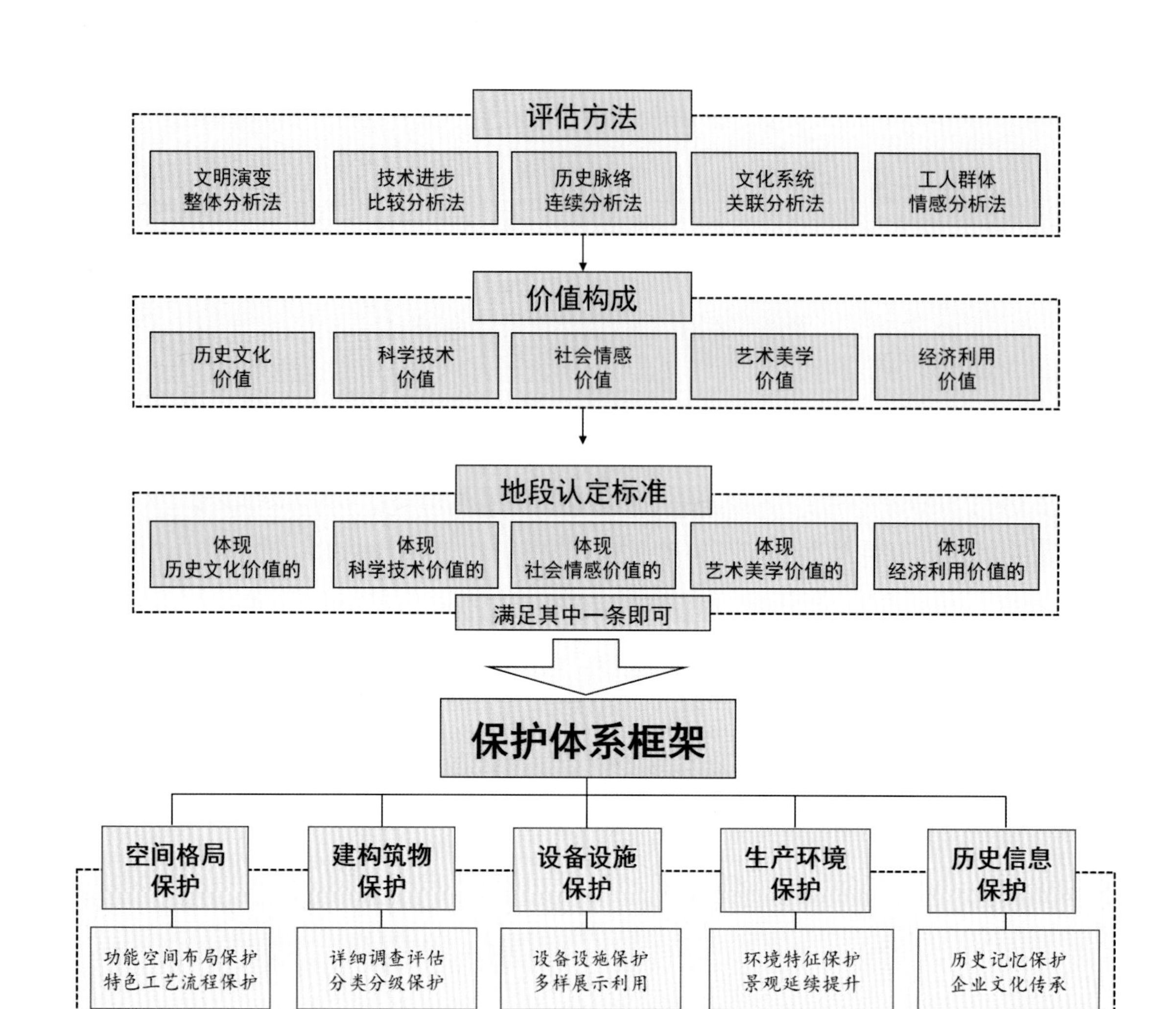

工业历史地段保护体系

来源：作者绘

（一）空间格局保护

工业历史地段的空间格局体现了工业文明时代的生产组织、社会经济特征的重要体现，也是工业历史地段作为工业时代“规划遗产”的重要载体，地段功能分区、厂房仓库布置、生产加工流程等充分体现了不同类型生产需求引导下的空间逻辑。但工业历史地段空间格局的价值特征在实践中常常被忽视，因此需要予以重点关注和保护。空间格局保护主要包括生产需求主导下的功能空间布局保护、特色工艺流程及其相关设施保护。

郑州二砂厂整体格局风貌

来源：郑州市中原区人民政府提供

1. 功能空间布局保护

工业历史地段的功能空间布局、厂房仓库布设、道路交通组织等方面充分体现了不同类型工业生产的组织流程，形成了独特清晰的空间逻辑和结构，应作为地段空间格局保护的重要内容之一。功能空间布局要重点保护工业历史地段在工业时代形成的空间肌理、整体风貌、轴线序列、道路走向、功能分区、建筑布局、景观特征等。

2. 特色工艺流程保护

特色工艺流程是指工人利用机器设备等生产工具对原材料或半成品进行处理加工，使其形成为产品的独特过程和方法，工艺流程是人类在手工业和工业生产活动中长期积累并经过提炼总结的操作技术，工艺流程是联系工人生产技能和设备设施的重要纽带，《下塔吉尔宪章》明确指出“加工流程的稀有性也具有特殊价值”。因此，特色工艺流程是工业历史地段的重要保护对象之一。

但是，技术更新换代和设备频繁淘汰使得不同时期的工艺流程多数仅以文献档案、工人口述、已淘汰的设备、生产痕迹等形式存留。因此要对特色工艺流程进行真实有效的保护，就要深入调查和分析原有的功能分区、空间结构、生产组织、设备特征、建筑形式、历史档案等，真实准确地展示和传递历史信息。

青岛啤酒厂的前身是1903年由德国商人在青岛德租界创办的“日耳曼啤酒股份公司青岛公司”，是我国历史最悠久的啤酒生产企业，酿造工艺世界领先，生产的具有比尔森风味的黄啤酒和慕尼黑风味的黑啤酒在1906年的慕尼黑国际博览会上获得了金奖。当前，青岛啤酒厂老厂区完整保留了建厂之初的德式百年老建筑、老设备，并于21世纪初改造为啤酒博物馆，系统保护和展示百年青啤的特色酿造工艺、生产流水线和工艺演变，啤酒酿造流程中的每个节点都有详细的工艺沿革展示，真实地保护和还原了特色工艺流程的历史脉络。

（二）建构筑物保护

工业历史地段内除了部分具有较高历史、文化、艺术或科学价值的工业遗产外，通常还存在大量一般性的工业建筑物、构筑物，它们共同构成了工业历史地段的整体格局风貌，并且在再利用方面具有更多的灵活性，是工业历史地段保护的重要对象。对于工业历史地段内建筑和建筑群的保护与再利用，需要在深入调查的基础上，对每栋建筑物、构筑物进行详细的综合评估，分类确定保护利用的具体措施。

青岛啤酒厂对特色工艺流程的保护与展示
来源：汪琴摄

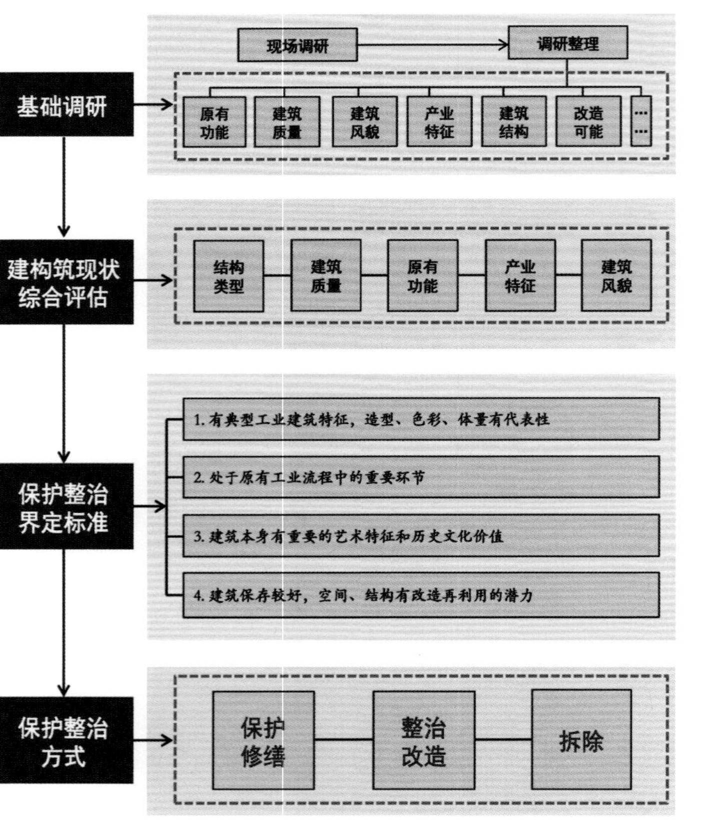

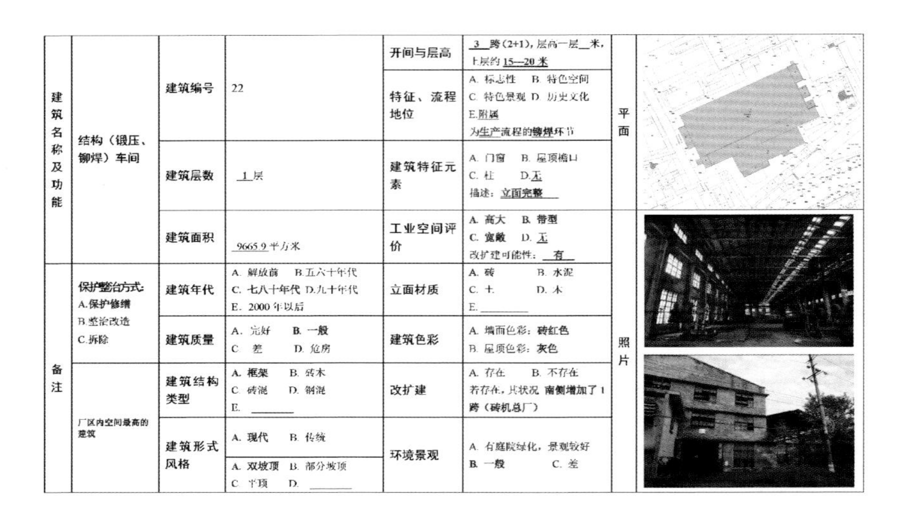

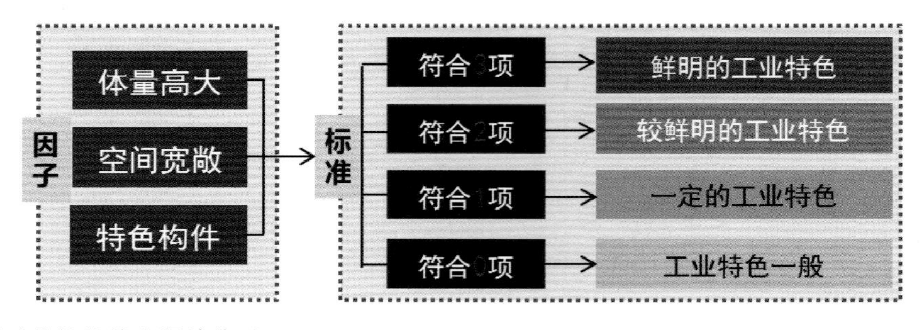

工业历史地段建构筑物综合评估体系

来源：作者绘

工业历史地段内建筑物、构筑物的综合评估，除了引入历史文化街区保护中常用的建筑质量、年代、结构、风貌等评估因子外，还应当充分考虑建筑物、构筑物的产业风格特征，造型、体量、色彩的独特性、在原有工业生产流程中的位置，以及空间、结构改造再利用的潜力等因子，并建立适宜的建构筑物综合评估体系。

在对工业历史地段内建筑物、构筑物的结构、质量、原有功能、空间特征、风貌、工业生产中的地位等要素综合评估的基础上，分类确定每栋建筑物、构筑物的保护与整治方式。在实践中根据综合评估结果，通常将工业历史地段内建构筑物的保护与整治大致分为四种不同的方式，包括严格保护、新旧交织、化整为零和连接成组等（见下表）。

工业历史地段建构筑物分类保护措施示意

保护策略	具体措施	空间示意
严格保护	严格保护外立面，维持原有风貌；使用原材料、原工艺对损坏、残缺局部进行修缮。	
新旧交织	保留为主，适当改造；局部通过新材料的应用，形成新老建筑的协调和对话。	
化整为零	原有大厂房改造、重组，与景观设计结合，形成丰富的建筑界面。	
连接成组	将原有独立的建筑界面通过玻璃、钢架等现代材料串接，形成相对完整的建筑组团。	

来源：作者制

首钢老厂区内的一号高炉于1919年开始动工兴建，1938年重建并投入生产，新中国成立后的第一炉铁水就是由一号高炉炼出的。也是首钢老厂区内最后停产的高炉。高炉独特的造型、巨大的体量体现了典型的钢铁工业特征。首钢老厂区在保护更新时对一号高炉及其附属构筑物进行了整体保护和安全维护加固，并通过局部增加和穿插景观设

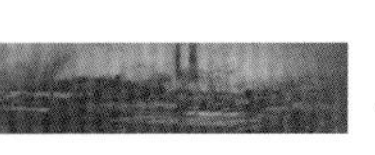

施，将部分分散的构筑物连接为一体，拆除了周边部分质量较差的设施，整理出一定区域的开敞空间，对构筑物进行了完整展示，形成了首钢园区内最具代表性的景观和旅游景点，形象地展示了首钢老厂区的历史文化。

北京国营751工厂建于1954年，是“一五”时期我国重点建设的156项工程项目之一，曾经是北京煤气行业的三大气源生产工厂之一，2003年751工厂正式停产。在751工厂地段的保护更新中完整保留了老炉区、15万立方米的大型煤气罐、燃煤锅炉群、大型吊机、专用铁路线、纵横交错的输煤和动力管廊等体现动力工厂的典型特色构筑物，并设计了与老工厂风格协调的架空长廊，把厂区内的重要构筑物连为一个有机的整体，形成了片区的重要地标。

20世纪80年代的首钢一号高炉
来源：首钢博物馆

2012 年的首钢一号高炉

来源：作者摄

2018 年的首钢一号高炉

来源：闫江东摄

北京 751 厂区旧照

来源：751 厂区宣传展板

北京 751 厂区保护更新后保留的工业设施

来源：作者摄

北京 751 厂区旧照

来源：751 厂区宣传展板

北京 751 厂区保护更新后保留的构筑物（一）
来源：作者摄

北京 751 厂区保护更新后保留的构筑物（二）
来源：作者摄

（三）设备设施保护

工业设备设施是指工业生产过程中使用的器械、工具、机具等，不同行业的设备设施构成不尽相同，但大致包括生产加工类、辅助服务类、交通运输类以及其他类设备设施。工业设备设施是工业历史地段价值的重要组成部分，也是工业历史地段区别于传统历史地段的重要特色之一，能够体现工业时代技术进步、人与技术互动关系、生产组织、经济社会等特征。同时，工业设备设施在体量造型、材质、色彩、细部等方面也具有独特的工业美学价值。

应当重点保护工业设备设施与生产空间、生产流程、工业产品的关联。除了部分价值极高的设备设施外，不建议对大量的一般性设备设施遗存实行冻结式保护，而是要与工业历史地段整体格局保护、景观环境设计和游览展示路线有机融合，并充分结合新功能业态采取多样化的保护与展示方式，在新功能空间中真实展示原有工业生产流程及特色。

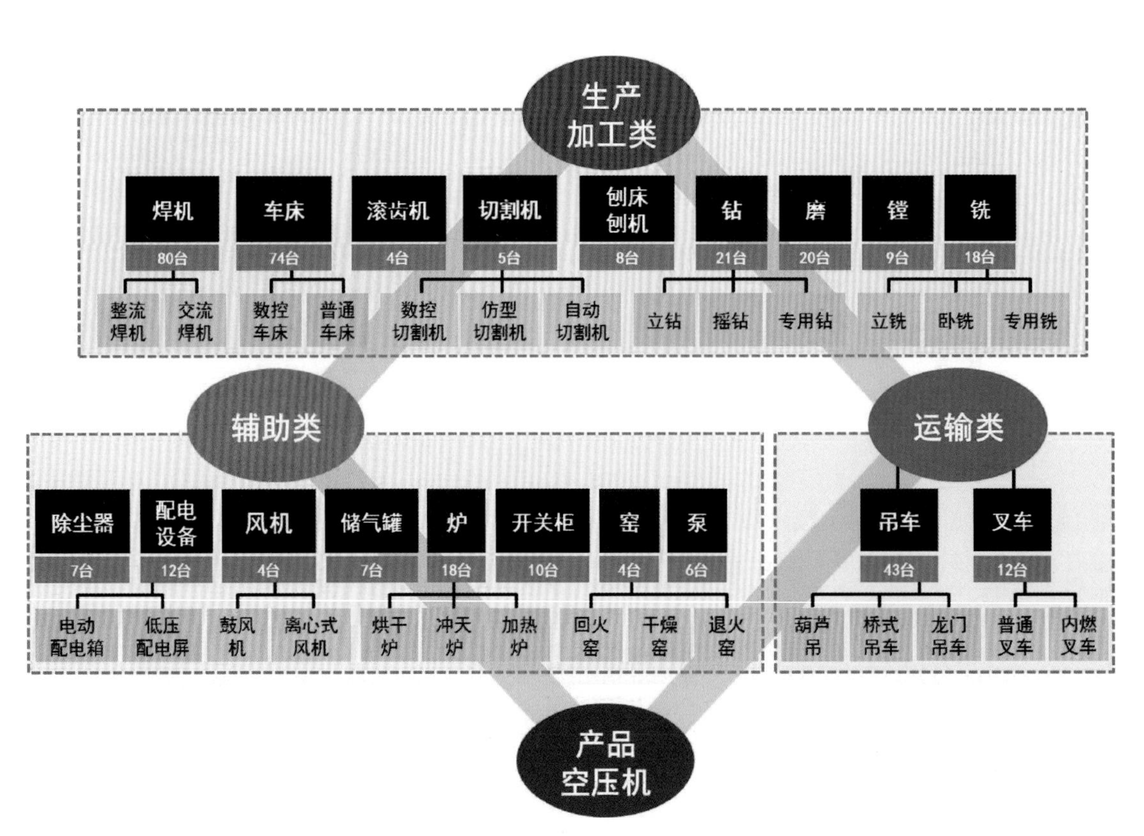

柳州空压机厂工业设备设施构成

来源：作者绘

在工业厂房建筑的保护再利用中，对现存的代表性设备尽量实行原位保护与展示。若因体量过大导致原有设备与新功能和空间的利用产生冲突的，可对设备进行异地保护与展示。在保证日常维护的基础上，部分设备可作为场地整体景观的特色要素，以充分发挥工业设备对场所精神的标识和塑造作用。

广州红专厂设备设施保护（一）
来源：张凤梅摄

广州红专厂设备设施保护（二）
来源：张凤梅摄

广州红专厂设备设施保护（三）
来源：张凤梅摄

（四）生产环境保护

生产环境是工业历史地段整体空间格局的重要组成部分，既包括工业历史地段最初选址时所依托的周边山体地貌、资源产地、河湖水系、城市环境等，也包括地段内与生产生活密切相关的水体沟渠、绿化植被、地形起伏等环境要素。本书对生产环境的研究更侧重于后者，注重整体保护、继承和强化工业历史地段内的环境景观特征。应当重点保护和展示生产环境与工业生产环节的空间联系，与技术空间、技术载体形成互动关联，并在更新改造中与新功能空间的环境设计有机融合，延续地段景观环境特征和特有的场所精神。

埃森位于德国鲁尔河北岸与莱茵—黑尔纳运河之间的丘陵地带，19世纪初因煤钢工业的发展而成为德国第一大工业城。德国关税联盟于1833年生效，埃森煤矿也以关税联盟命名，1928—1932年修建了第12号矿井和炼焦厂。“关税联盟”矿区包括大量产业建筑、燃烧炉、炼焦炉、运煤通道等设施，是当时世界上规模最大的煤矿。20世纪80年代，煤炭逐渐开采殆尽，矿井被迫关闭。但矿区整体空间形态和环境得以完整保留，尤其是对矿区的生产环境和景观体系进行了整体保护，所有呈现昔日生产空间环境的元素都被精心保留，成为展示和体验德国工业文明发展历程的著名场所。“关税联盟”12号矿区和炼焦厂建筑群于2001年12月被列入世界文化遗产名录。

（五）历史信息保护

工业历史地段的历史信息通常包括生产主导下的组织形态、企业文化、历史记忆、历史事件、情感寄托等内容，具体表现为老车间、老厂房、老宿舍等空间内保留下来的历史印记、场景、标语、影像、档案等信息。这些特殊的遗产，承载着工业时代人们的生产生活方式和历史记忆，也能使当代人切身感受到曾经的生产生活景象和工业时代的精神面貌，对场所精神和人文记忆有直接的传达作用，是工业历史地段保护的重要内容之一。在具体的实践中，应当通过对建筑物、构筑物、老设备、历史场景、历史档案、历史环境要素等物质空间遗存和非物质遗存的挖掘展示，实现对历史信息的有效保护和传承，有条件的工业历史地段还应开辟专门的历史信息保护、收藏、展陈场所，实现地段历史信息的全方位、多样化、立体化保护与传承。

德国鲁尔关税联盟 12 号矿区生产环境保护

来源:《后工业时代产业建筑遗产保护更新》

工业时代典型的历史信息（一）

来源：《百年工业柳州》

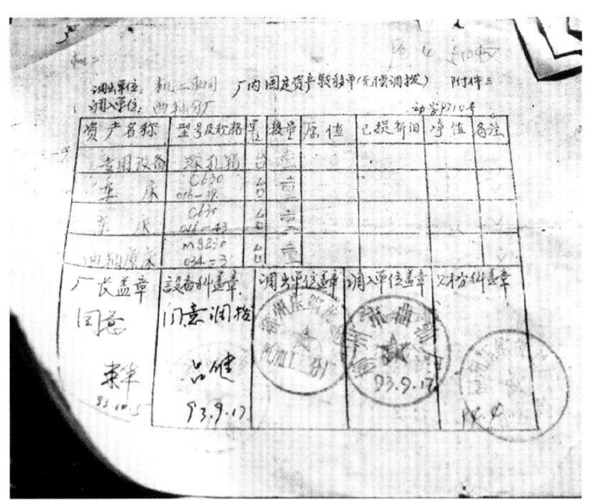

调出单位：机二车间　广西固定资产转移单（无偿调拨）　附件三

调入单位：曲轴分厂

资产名称	型号及规格	单位	数量	原值	已提折旧	净值	备注
专用设备	深孔钻	台	壹				
车床	C630 016-19	台	壹				
车床	C630 016-43	台	壹				
内圆磨床	M9230 034-3	台	壹				

厂长盖章	设备科盖章	调出单位盖章	调入单位盖章	财务科盖章
同意	同意调拨		93.9.17	

工业时代典型的历史信息（二）

来源：《百年工业柳州》

工业时代典型的历史信息（三）

来源：《百年工业柳州》

第六章

工业历史地段更新方法体系

工业历史地段更新是城市更新的一种特殊类型，是新时代城市自我优化的重要组成部分。在长期的工业生产活动中，工业历史地段逐渐形成了独特而完备的结构体系和机能，具备经济、社会、文化、生态等多重属性。因此，工业历史地段的更新包含经济社会、空间景观、生态环境和历史文化等多重内涵，更新的内容主要涉及功能业态引导、空间结构组织、历史文脉传承以及生态环境修复等方面。

以上内容决定了工业历史地段的更新是一项复杂和综合的系统工程。更新过程中必须建立多层次、多视角、近远期有机结合的长效框架，深入研究工业历史地段保护更新的理念目标、思路方法、技术引导等关键内容，充分考虑地段的功能业态、空间形态、生态环境、历史文化之间的相互作用，注重工业历史地段更新措施的科学性、系统性和可操作性。

一　更新的主要目标建构

工业历史地段更新是城市更新的重要组成部分，应当以优化城市功能和空间结构、改善城市环境品质、延续城市历史文脉、促进城市可持续发展为基本目标和方向。具体

而言，工业历史地段的更新目标大致包括经济复兴、空间优化、环境修复和文化传承等四个方面。

（一）经济复兴目标

当前通过优化功能业态，顺应新时代城市经济社会发展需求，复兴地段经济活力，促进城市功能优化，实现产业转型与复兴，是工业历史地段更新的重要目标之一。工业历史地段经济复兴目标应当包括功能业态转型、地段活力提升、就业岗位增加等方面。

1. 功能业态转型

工业历史地段更新的首要目标和任务就是结合城市发展愿景实现地段功能业态的调整转型，通过引入适宜的功能业态，实现地段活力的提升、特色空间的形成、人居环境的改善和文化氛围的彰显。

2. 地段活力提升

工业历史地段经济复兴最直接的目标就是通过功能转型、空间重组和环境修复，实现地段经济、文化、社会等活力的逐步复苏和全面提升，并进一步带动所在片区和整个城市功能活力的持续优化提升。

3. 就业岗位增加

工业历史地段更新的经济复兴目标之一就是想方设法增加就业岗位、扩大就业覆盖面、增加居民收入、维护社会公平正义、改善人民生活水平，增强工业历史地段的综合竞争力。

（二）空间优化目标

空间优化目标构建的实质是以工业历史地段更新为契机，结合产业结构调整，完善城市中心职能、优化城市道路构架，使相对独立、隔离的老工业板块有机融入城市整体结构。工业历史地段空间优化目标通常包括功能业态合理布局、空间结构完整有序、土地资源合理利用以及公共设施有机更新等方面。

1. 功能业态合理布局

工业历史地段的更新，需要研究地段内部功能空间组织以及地段与周边区域之间的功能关系，从而对地段功能业态进行合理的布局与调整，确定各类用地的位置和规模，保证工业历史地段的可持续发展。

2. 空间结构完整有序

建立完整有序的空间结构是工业历史地段更新的重要目标。具体包括建立有特色的公共敞开空间，建立舒适的慢行系统，以工业遗产为核心形成特色空间节点，与区域和城市历史文化空间体系有机联系等。

3. 土地资源合理利用

土地资源是工业历史地段各类功能和活动的空间载体，工业历史地段的更新应对土地资源进行有效整合，通过功能合理配置与适度混合，实现土地资源的高效集约利用。

4. 公共设施有机更新

公共设施更新建设和公共服务的提升是工业历史地段活力再造和形象重塑的有效手段之一，一般包括对地段内具有历史文化积淀和场所特征的现有建筑物、构筑物、设备设施进行改造与再利用，或者结合地段功能业态建设部分公共展示类项目和标志性的文化设施等。

（三）环境修复目标

改善和提升工业历史地段的环境品质是实现工业历史地段活力复兴和可持续发展的前提，是地段更新的重要目标。环境修复目标既包括工业污染的有效治理与生态环境的修复，也包括特色景观的塑造和提升等。

1. 污染治理与生态修复

对原有土地上的工业污染进行有效治理，保障生态环境的安全，并通过多样化的

生态修复手段提升工业历史地段应对灾害的环境“抵抗力”和承载各类城市功能的生态“弹性”。

2. 地段特色景观塑造

充分挖掘和利用工业历史地段的植被、水系、地形地貌等自然景观要素以及建筑物、构筑物、机械设备等人工景观要素，结合公共开敞空间的规划设计塑造地段工业特色景观，提升地段环境品质。

（四）文化传承目标

保护和展示各类工业文化遗存，传承和发扬工业时代的优秀文化和精神，是工业历史地段更新的重要目标。文化传承目标主要包括工业文化资源挖掘、工业遗产保护利用、历史文化氛围提升等内容。

1. 工业文化资源挖掘

充分挖掘工业历史地段内工业遗产、工业景观等各类文化资源的历史文化价值，保护利用好体现工业历史地段发展特征的代表性建筑物、构筑物、景观环境等历史文化资源。

2. 工业遗产保护利用

保护工业历史地段内各类具有历史文化、科学技术、社会情感、艺术美学等多重价值的工业文化遗存。在有效保护的基础上，结合工业旅游、文化博览、创意产业、公共空间等功能的引入对工业遗产进行充分的展示利用。

3. 历史文化氛围提升

充分利用工业遗产保护利用、工业景观延续、公共空间组织、文化设施引入、创意产业聚集等措施，不断提升和系统彰显工业历史地段的历史文化氛围，丰富地区和城市的文化内涵。

二 功能引导与空间布局

工业时代的“工厂办社会”模式决定了工业历史地段往往与城市功能板块隔离而形成自成一体的封闭空间。在快速城镇化进程中，工业用地因自身特征而呈现出不断向城市外围迁移的趋势，留存的工厂大院与城市功能、空间、设施、交通、景观等系统的割裂问题越来越明显。因此，在工业历史地段更新的过程中，应从城市土地功能演化规律和城市功能空间调整趋势进行整体分析，调整工业历史地段的土地利用结构，更新不适应发展的功能业态和空间布局，准确定位新的功能业态和空间，实现工业历史地段与城市整体功能空间的协调有序发展。

（一）功能业态引导

工业时代各个工厂建有独立的生产、生活、娱乐、教育、文化等设施，在一定程度上造成了城市配套服务设施的重复建设和低效使用。而在工厂改制和工业历史地段停产后，城市主要老工业片区又会出现公共服务的盲区，影响到城市功能的正常运转。因此，工业历史地段的更新应当首先从城市和片区功能完善的角度，确立适宜的功能业态和公共服务设施，提倡多元功能的混合。

工业历史地段更新中的功能业态选择要关注三方面：一是要顺应城市功能转型趋势，依托城市在新兴产业和文化资源方面的比较优势；二是功能业态要与所在片区的定位和

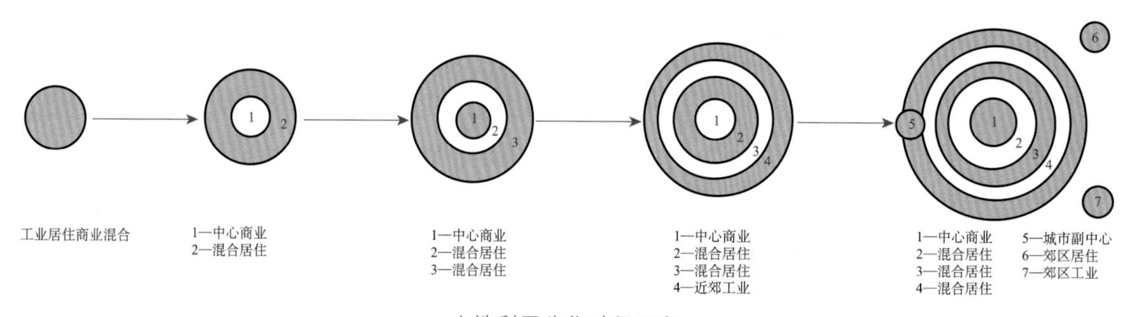

土地利用分化过程示意

来源：作者绘

主要职能相协调，并积极补齐所需的公共服务和文化功能；三是优先考虑创意产业、文化娱乐、现代服务业等产业，尽量与其他类似地区形成差异化的特色功能。此外，大量实践案例的成功经验表明，加强工业历史地段的文化休闲、观光和旅游服务等新型功能和发展方式，或以标志性工程为触媒产生的轰动效应和品牌效应，能够带动地段活力和吸引力的迅速提升。

伯利恒钢铁城位于美国宾夕法尼亚州的利哈伊谷地区，总面积约16平方千米，“二战”时期具备每日生产一艘舰艇的能力，是全球最重要的钢铁业巨头之一，带动了利哈伊谷地区的经济繁荣。20世纪70年代以来的石油危机和新兴工业国家的崛起，严重冲击了美国的钢铁产业，1995年伯利恒钢铁厂关闭，利哈伊谷地区的经济大幅下滑。为了扭转经济衰退趋势，伯利恒钢铁城实施了一系列更新战略，引入了多样化的功能业态。在利哈伊谷河南岸结合保留的炼钢生产线建设了美国工业历史博物馆，并引入了会议中心、饭店、冰球馆、大型购物中心、影院、娱乐中心等功能。新功能业态的注入使得伯利恒钢铁城重新成为利哈伊谷地区经济发展振兴的引擎，重获昔日的辉煌。

（二）空间布局组织

原有封闭的建设模式导致工业历史地段与城市空间存在明显的界限。随着生产功能的退出和新功能的引入，工业历史地段的更新需要消除两者之间明显的割裂界线，与城市空间形成整体性、连续性的空间结构形态，建立密切的空间通达性和关联性，以特色空间肌理为本底，以公共空间系统为骨架，以重要空间节点为触媒，通过对人的行为活动和相关场所的精心营造，促进地段空间要素的整合，形成承载特色适宜功能的地段空间新模式。

作为城市存量空间，工业历史地段更新要在适应新功能业态的同时，尊重和顺应原有的空间格局肌理，处理好地段空间的新旧关系，延续历史文脉。新功能尽可能地将原有的厂房、设备、场地、水系、高大树木、特色植被等要素组织到新的空间系统之中。整体空间应当注重协调不同时代不同类型的空间肌理和尺度关系，原有承载机器化生产的大尺度空间应当以新的功能为导向，通过大空间的多层次分割组合、新建建筑的尺度调整等，整合形成适宜人活动的空间尺度，并有机融入城市肌理之中。通过规划设计使各类空间要素紧密联系，呈现出整体的空间秩序，建筑物的高度、体量、风格和色彩要与周边环境保持协调。

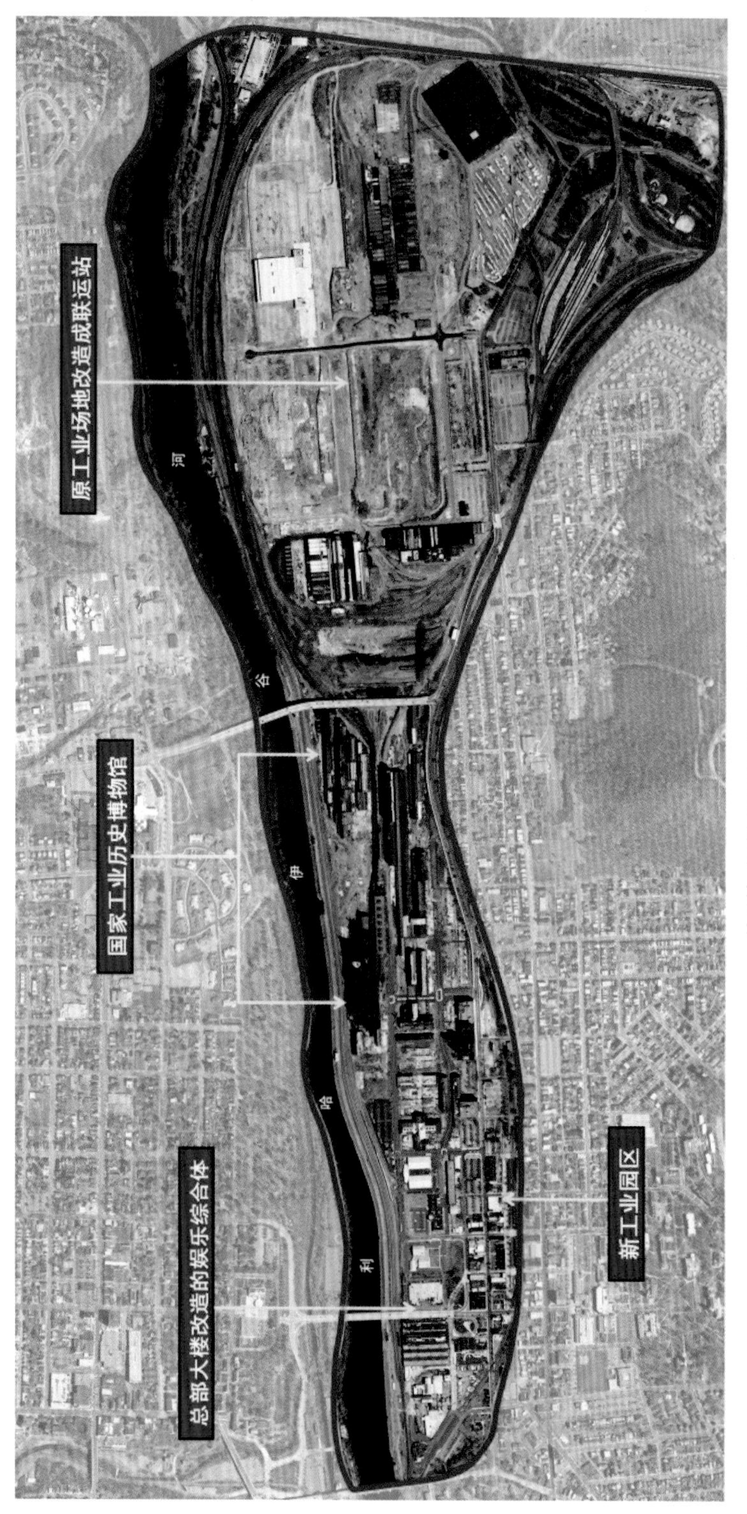

伯利恒钢铁城更新的主要功能引导

来源：作者绘

伯利恒钢铁城更新成效

来源:《孔窍与互动——美国伯利恒钢铁厂高炉区改造设计研究》

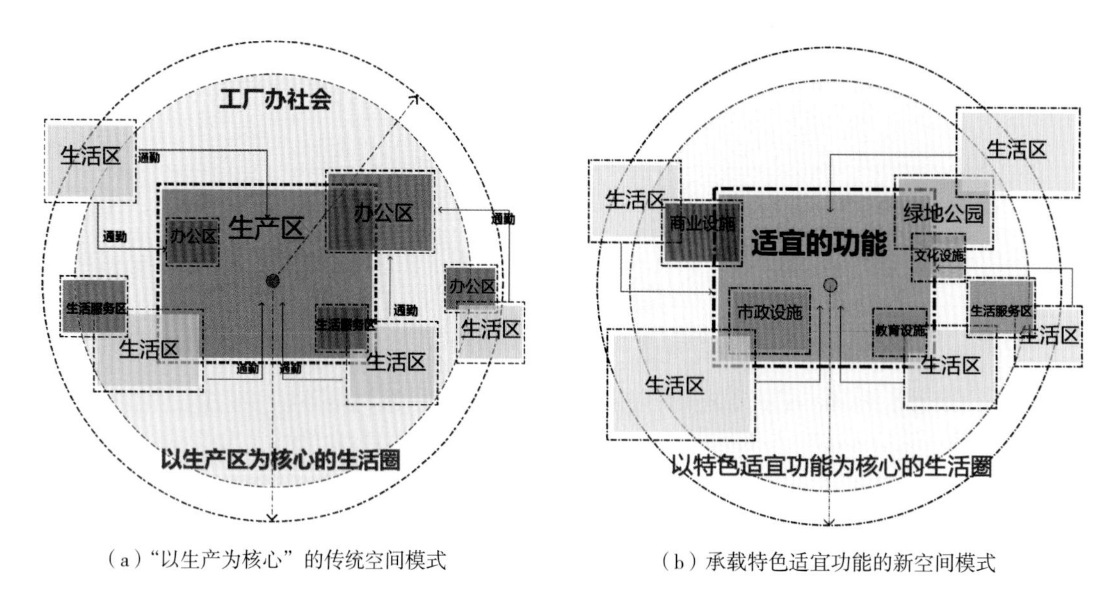

（a）“以生产为核心”的传统空间模式　　（b）承载特色适宜功能的新空间模式

地段空间布局模式重构

来源：作者绘

长期封闭式的机器化生产使得工业历史地段与城市整体空间脱节，地段内以生产为导向的大尺度空间、以生产流程为主导的空间要素组织不符合人的活动体验需求。因此，工业历史地段的更新，需要建立相对完整多样的特色公共空间系统。公共空间的要素和环境要充分体现整体性、连续性、可识别性、舒适性和安全感，应当尽量建立统一的标识系统和多层次的景观序列，例如滨水的工业历史地段更新可通过水系串联和景观塑造构建特色的公共空间骨架。

工业历史地段的更新应当强化重要节点空间的塑造，将节点空间作为地段空间格局和整体环境的聚集点和连接点，具体包括中心广场、特定场所、标志性建筑物周边等。工业历史地段的更新中，节点空间可以结合场地特有的工业景观、历史遗迹等要素进行巧妙营造，形成地段的重要标志和象征，带动地段环境品质和活力的提升。

（三）交通系统更新

原有以生产为导向的交通系统重新组织设计是工业历史地段空间系统更新的重要内容之一。交通系统更新要充分体现以人为本的原则，尽可能地避免车行道路对公共空间的干扰。工业历史地段交通系统的具体更新措施一般包括三个方面：

首先，应当在更大范围内重新组织道路网络，重构城市和地区的道路交通系统，打通城市主干路，对支路进行梳理与调整，结合工业历史地段新的功能业态和空间布局，组织短路径交通，形成合理的路网结构和道路密度；其次，应当结合工业历史地段功能调整和空间格局的开放，积极发展设自行车和步行交通系统，通过设计管理等手段，保证慢行交通和公共活动空间不受机动车交通的干扰，并深度融合不同的交通方式和交通空间，与地段周边公共空间有机衔接，使得交通空间成为公共空间和场所的重要组成部分；最后，对于工业历史地段原有的道路、铁路线、河道等交通设施尽量保留和积极利用。地段内原有的内线铁路可改造为区间轨道交通线路或特色旅游线路，废弃的码头可以改造为公共空间和服务设施等。

悉尼达令港原为城市传统的工业区，后来随着悉尼工业的持续衰落，达令港逐渐沦为一个荒芜破落的死水港。20 世纪 80 年代悉尼市政府开始对达令港地区进行整体更新改造，更新的最主要策略之一就是以人的体验为根本出发点，重新整理和塑造片区的交通系统，对穿越本区域的城市主干路和新建单轨电车线路进行了高架处理，整个地区完全改造成步行地段和公共开敞空间，形成了连续舒适的步行网络体系，通过交通系统的重构实现了老工业码头地区的功能空间转型，达令港也成为悉尼目前最具特色的地区之一。

悉尼达令港区的交通系统平面示意

来源：互联网

悉尼达令港区的交通系统更新

来源：王军摄

三　生态修复与景观塑造

工业历史地段在工业生产活动的长期影响下，生态环境不可避免地遭受到不同程度的破坏，地段生态环境的修复和景观重塑，对于促进工业历史地段环境的整治，改善地段整体形象和机能，实现复兴和可持续发展具有重要的意义。

（一）工业污染治理

生产类型不同的工业历史地段，其内部存留的工业污染物成分具有较大的差异性，因此工业历史地段工业污染治理的首要工作是开展详细的调查评估，提取和判断地段内的有毒污染物成分，以此为基础提出具体的土壤修复方案。我国政府对工业历史地段的环境治理有明确的规定，要求对涉及危险废物的企业、实验室及相关单位，在结束原有生产经营活动，改变原土地使用性质时，必须经由环保监测部门对原址土地进行监测分析，若发现污染问题，应当依据评价报告实施环境修复，并接受当地环保部门的监督管理。

工业历史地段的更新，应当充分借鉴国际上较为成熟工业活动风险分级方法，通过分析不同的土地使用类型和工业生产类型，确定污染的风险等级。通常根据风险指数把污染风险分为 A、B、C、D 四个等级，风险等级对应高、中、低三级（见下表）。

工业活动风险感知层级表

等级		生产类型	指数	风险等级
A 级	1	石棉制造和使用	1.00	高
	2	有机、无机化学产品	0.93	高
	3	放射性的物质和处理	0.88	高
	4	煤气、焦炭工厂、煤炭碳化和类似地带	0.85	高
	5	废物处理（危险物、垃圾、焚化装置、公共厕所、废物溶液）	0.85	高
	6	石油精炼，石化生产和储存	0.84	高
	7	杀虫剂工业	0.83	高
	8	制药工业（化妆品）	0.82	高
	9	化学精炼，燃料和颜料工业	0.82	高

续表

等级		生产类型	指数	风险等级
B 级	10	颜料、清漆和墨水工业	0.79	高
	11	动物屠宰和加工（肥皂、蜡烛和骨作业）	0.78	高
	12	制革和皮革作业	0.77	高
	13	金属熔炼和精炼（熔炉和铸造，电镀，电流和阳极电镀）	0.74	高
	14	炸药工业（焰火工业）	0.73	高
	15	钢铁工业	0.72	高
	16	残料堆放院落	0.68	高
	17	工程（重型和一般）	0.66	高
C 级	18	橡胶生产和处理	0.65	中
	19	焦油，沥青，油布，乙烯基、沥青工厂	0.65	中
	20	混凝土，陶瓷制品，水泥、塑料工厂	0.65	中
	21	采矿和萃取工业	0.65	中
	22	发电（不包括核电站）	0.64	中
	23	电影胶片、相机胶片处理	0.63	中
	24	消毒剂工业	0.62	中
	25	纸和印刷工厂	0.60	中
	26	玻璃工厂	0.58	中
	27	肥料工厂	0.58	中
	28	木料处理工厂	0.58	中
	29	污水处理厂	0.54	中
	30	汽车修理厂（机动车燃料加油站，汽车和自行车修理）	0.53	中
	31	汽车站，公路拖运，商业汽车加油站，地方管理修车场和补给站	0.53	中
	32	铁路用地，包括院落和轨道	0.53	中
	33	电力和电子工厂（半导体工厂）	0.48	中
	34	纺织和染色工厂	0.48	中
	35	洗衣店和干洗店	0.48	中
D 级	36	塑料产品、浇注和挤压、建筑材料、玻璃纤维、树脂玻璃纤维和制品	0.48	中
	37	造船厂	0.48	中
	38	食品处理（酿造和麦芽作坊、酒精蒸馏）	0.45	低
	39	机场及其相关	0.45	低

来源：《Previously Developed Land：Industrial Activitiesand Contamination（Second Edition）》

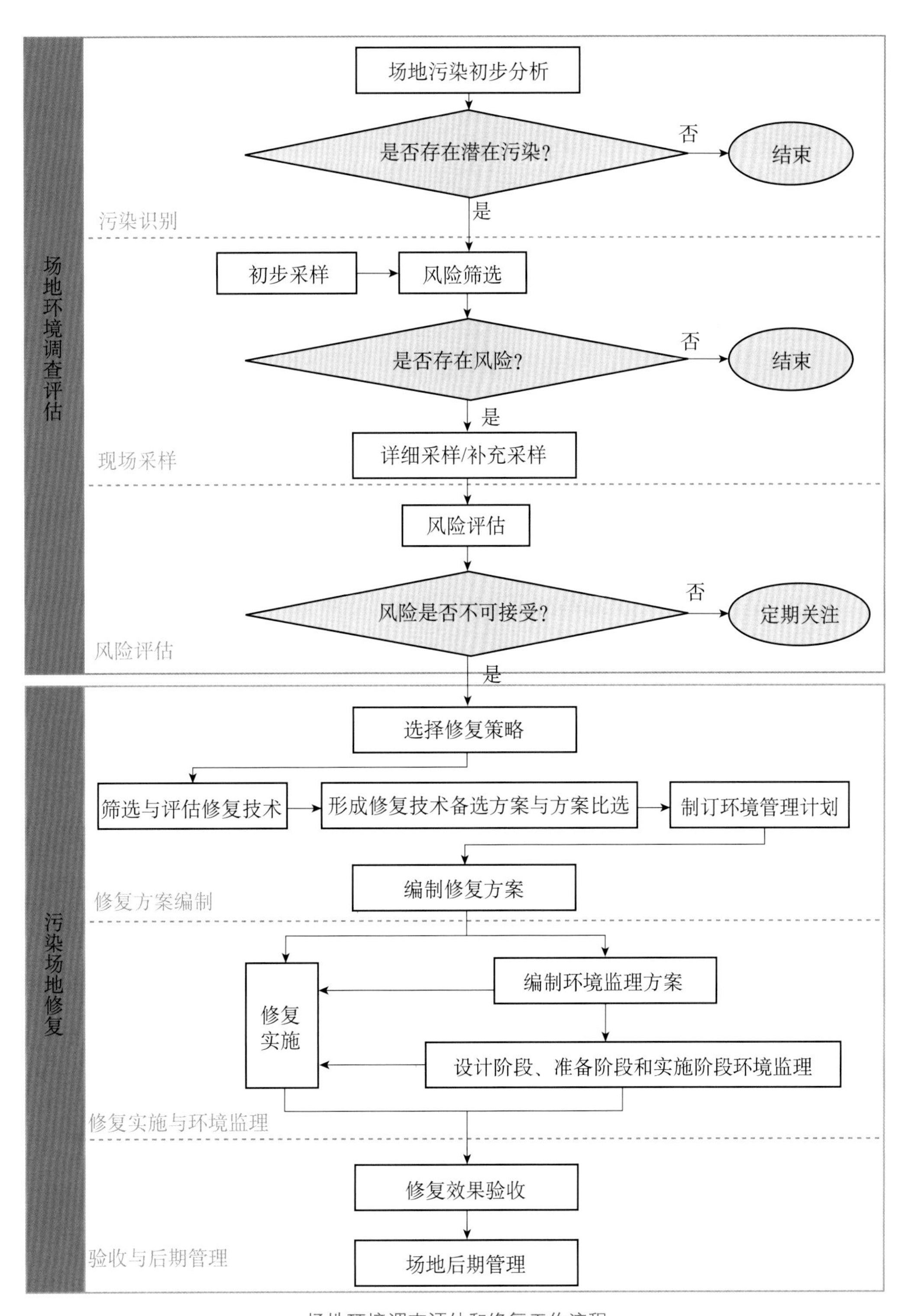

场地环境调查评估和修复工作流程

来源：《工业企业场地环境调查评估与修复工作指南（试行）》

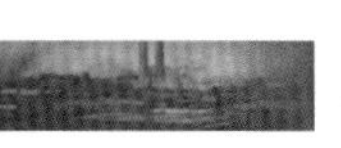

在污染风险等级和污染类型评估的基础上，对工业历史地段被污染的土壤、水系等应当采取针对性的措施进行生态修复。实践经验表明，工业历史地段土壤基质的破坏，一般主要表现在表面土质层遭到剥离，土壤深层积累化工废弃物、矿物污染物和其他污染物，以及土质内部养分缺乏影响自然植被生长等方面。因此，土壤修复的主要目标是重新恢复土壤的营养结构，以匹配新的功能空间和植物生长要求。修复可采用高科技工程技术手段以及物理化学等方法，使污染物降低到可以再利用的标准。

当前工业历史地段土壤污染治理的技术日趋成熟和多样。其中土壤置换、土壤清洗和生物修复三种技术方法最为常见。土壤置换是指将受污染的土壤挖掘运送至专门场所进行处置，原场地用干净的土壤回填，这种方法适用于所有的土壤类型，清除污染物也最为彻底，但成本相对较高；土壤清洗是指将淋洗液注入受污染土壤之中，经过一段时间后，再用泵将含有污染物的淋洗液抽吸到地面进行处理，这种方法适用于除粗糙沙质土壤外的大多数土壤类型，并且修复周期相对较短，修复的有效性高达 70%～90%，技术的商业化程度较高，能够有效减少污染物，但却很难根除；生物修复是指将天然微生物及表面活性剂等注入受污染土壤分解有毒有害物质，这种方法适用于大多数土壤类型，可以原位处理且不需开挖，但过程较为复杂，修复周期长。

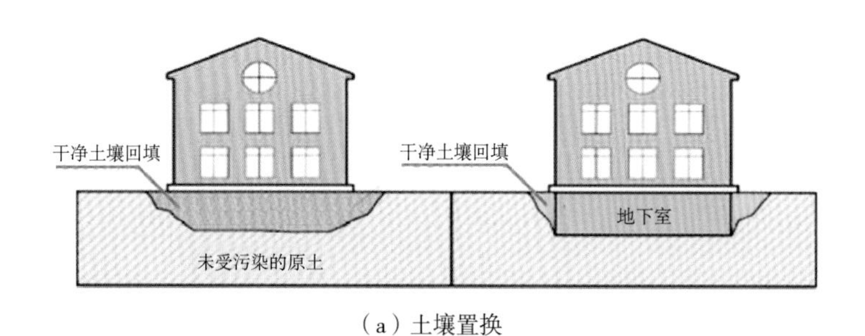

（a）土壤置换

（b）土壤清洗

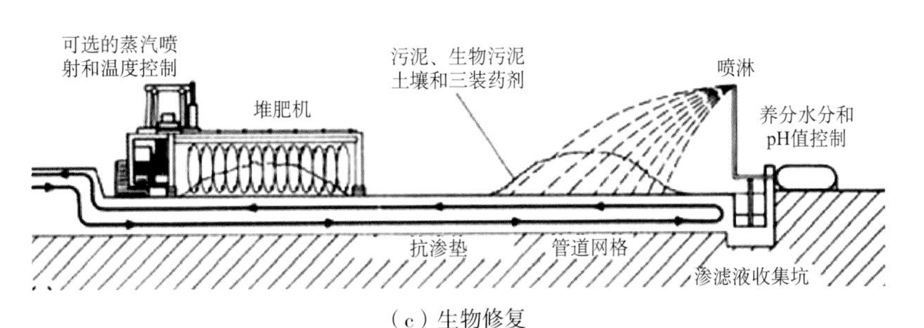

（c）生物修复

土壤污染修复主要方法示意

来源：作者改绘

目前主要发达国家通常采用多种技术并用的方式对受污染的土壤进行修复。一般是对表层污染或严重污染的土壤进行完全置换，而深层污染或污染较轻的土壤则采用其他方式。德国鲁尔杜伊斯堡公园原为蒂森钢厂，厂区内大片土壤基质受到以多环芳烃为主要成分的化学污染。蒂森钢厂在地段更新中采用了多种技术对受污染的土壤进行修复，对于表层污染的土壤进行置换处理，并在深层污染的土壤上部铺设了隔离层，以密封污染物，同时设置了完善的排水系统，防止地表水向下渗透，保证植物的正常生长。

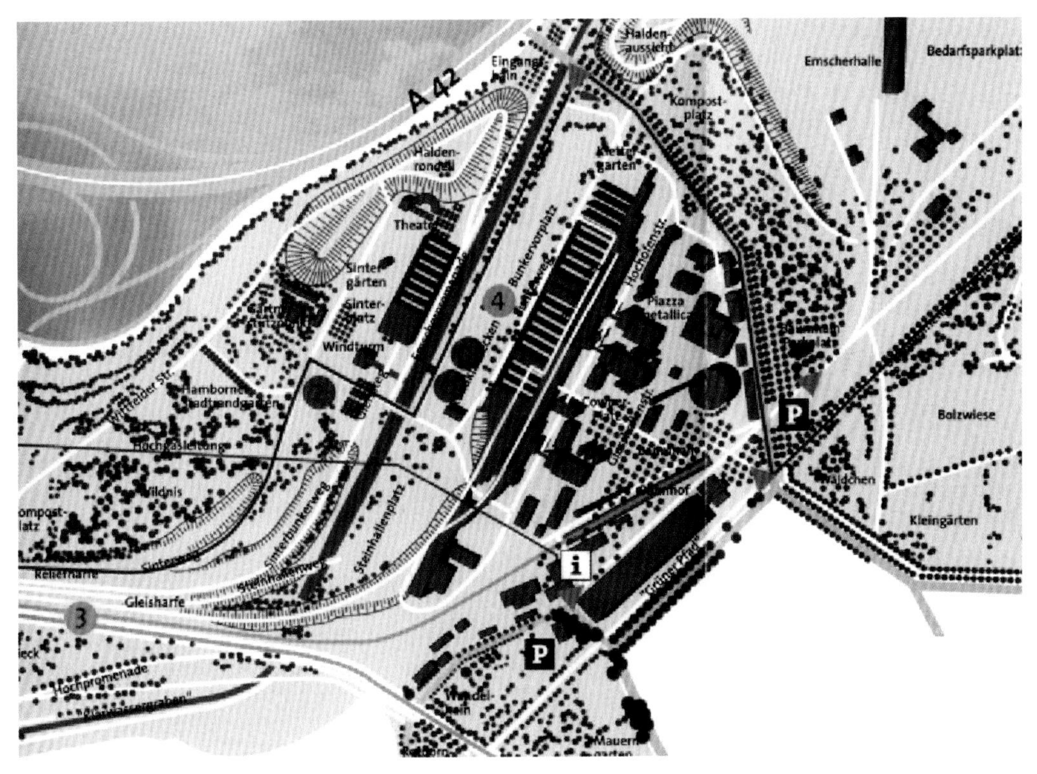

蒂森钢厂改造为杜伊斯堡公园

来源：《后工业时代产业建筑遗产保护更新》

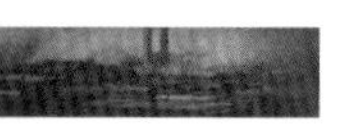

杜伊斯堡公园排水系统

来源：互联网

（二）生态功能提升

在对污染进行有效治理的基础上，工业历史地段的更新应当进一步提升场地系统的生态功能。大多数工业历史地段在生产停止后的闲置期内，污染不再进一步加剧，同时人为活动干扰减少，使得一些生命力和适应能力较强的自然植被逐渐生长，形成新的稳定植物群落。因此，在工业历史地段更新启动阶段建议充分保留那些能够在受工业污染的土壤、水体等环境中生长的植物，后期逐渐引入其他多样化的植物进行特色景观塑造，并深入研究适合地段特征的植物种类，进行合理搭配，优化提升地段生物群落和生态功能，展现生态修复的过程。

此外，应进一步探索建立适合工业历史地段更新的生态运作机制。将地段的各类功能、人的各类行为活动与自然环境视为一个完整的生态系统，充分尊重地段的“环境容量”，最大限度地减少人工建设对生态环境的污染，完善生态网络体系，提升工业历史地段及周边区域应对灾害的环境“抵抗力”、生态“弹性”和可持续性。

（三）景观格局塑造

工业历史地段内的许多建筑物、构筑物以及生产设施集景观独特性和历史文化价值于一体，对这些要素进行挖掘和再利用会取得意想不到的效果，往往会使人们在获得活动空间的同时，也获得了与历史对话的平台。工业历史地段更新应当在对场地内各类景观要素进行再利用评估的基础上，尽可能地利用已有的景观元素，通过有机整合与格局重塑，形成具有特色鲜明的地段景观格局。工业历史地段的景观要素分为自然要素和人工要素，自然景观要素包括土壤、植被、水系、地形地貌等，人工景观要素包括工业建筑物、构筑物、机械设备、仓储运输设施、工业废弃地、道路、铁路、管廊等。

对于原有景观格局完整、特征鲜明的工业历史地段，在更新中应当对景观体系尽可能地整体继承，既保留原有自然植被、河流水系、地形地貌，又完整保留和承袭工业建筑物、构筑物和生产设施的整体形态，并通过局部加建、改扩建等方式对原有工业景观进行处理、功能置换和再利用。

北京751工厂的景观更新充分体现了这种方式，原有景观格局体系在更新实施中得以完整的保留，对特色鲜明的工业生产及办公建筑、煤气罐、锅炉群、大型吊机、铁路线、各类管廊等进行整体保护，并结合时尚创意办公的新功能定位，形成了动力广场、火车头广场、时尚回廊等极具工业特色的景观，满足时尚创意设计功能的同时完整保留了历史信息和原有的景观特征。目前751厂区与比邻的798艺术区连接成片，共同成为北京工业历史地段景观格局整体保护传承的典范区域。

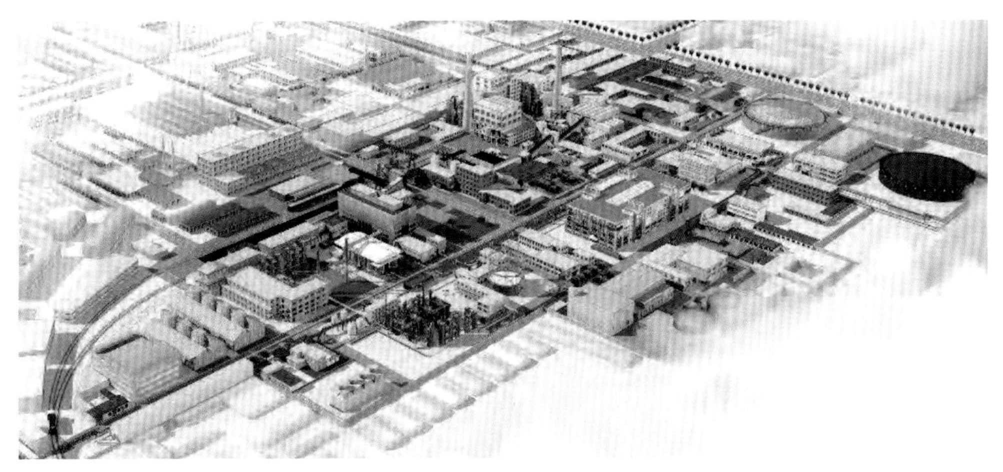

北京751工厂更新方案保留的整体景观格局

来源：751厂区宣传展板

北京 751 工厂生产设施旧照

来源：751 厂区宣传展板

北京 751 工厂生产设施完整保留

来源：作者摄

北京 751 工厂主要标志物周边景观旧貌

来源：751 厂区宣传展板

北京 751 工厂主要标志物周边景观现状

来源：作者摄

对于原有景观格局已不完整或者与新功能不完全适应的工业历史地段，在更新实践中应当以科学的评估为基础，局部保留原有的工业生产设施和生产场景片段，并将其作为工业历史地段新景观环境构成的一部分。此类地段的景观格局塑造中，建议保留那些具有典型意义的物质要素，例如保留部分污染较少的自然景观植被和具有一定历史文化价值的工业建筑物、构筑物及其附属建筑，其余空间结合新的功能需求进行景观格局再塑。

澳大利亚墨尔本维多利亚港区的景观更新体现了此类方式。1892 年，澳大利亚墨尔本政府在城市铁路货场西端开辟了维多利亚码头，建成后一直到 20 世纪 70 年代，维多利亚码头始终是墨尔本的水运贸易枢纽。70 年代，由于新集装箱码头的建设和使用，维多利亚码头逐渐走向衰落，但是码头具有深厚的历史底蕴和良好的滨水环境，因此政府决定将其更新改造成为新的城市公共空间。在更新中保留了场地上原有的重要工业元素，保护、修复和利用部分老工业建筑作为管理用房和博物馆等功能。

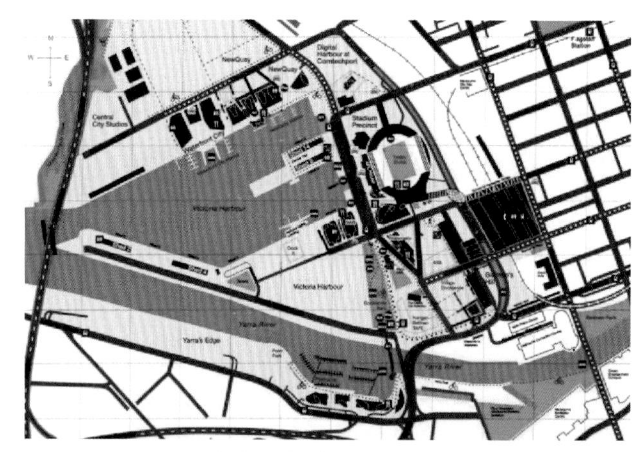

墨尔本维多利亚港更新方案

来源:《后工业时代产业建筑遗产保护更新》

墨尔本维多利亚港整体效果

来源:《后工业时代产业建筑遗产保护更新》

墨尔本维多利亚港更新后的景观
来源：作者摄

四 文脉延续与文化复兴

文化是新时代城市发展的重要动力，文化竞争力成为城市、区域甚至整个国家综合实力的重要体现。工业历史地段具有独特的历史文化价值，记录了人类在工业时代的梦想与奋斗足迹。工业文明时代特殊的社会、经济、文化因素影响下形成了工业历史地段高耸的烟囱、高大的厂房、震撼的设备、纵横的铁轨和管线等极具时代特征的文化符号，是城市中独具特色的历史文化资源。因此，工业历史地段更新中应当将文化复兴与传承提升至战略高度，保存和延续极具个性的场所空间，通过地段工业历史文脉的延续与传承，特别是工业文化与时尚文化、创意文化的结合，为地段和片区注入新的发展动力，提升地段的影响力和综合竞争力，实现文化复兴。

（一）文化发展战略

对接城市整体发展战略，在工业历史地段优先发展城市和地区的公共文化设施，完善文化服务布局网络，大力发展文化产业，形成独具特色的文化品牌，打造城市和区域文化热点。

谢菲尔德位于英格兰中部，曾经是著名的钢铁工业城市，20 世纪 70 年代以来传统钢铁产业不断衰落，城市主要的老工业区出现了严重衰退。1986 年，谢菲尔德制定了以文化复兴为目标的老工业区更新策略，在城市东侧衰败的老工业区内划定大约 75 英亩的文化产业区，引入了大量文化产业和文化设施，通过改善交通和公共空间为文化消费提供场所。经过数十年的持续发展，到 20 世纪 90 年代文化产业区已经聚集了约 400 个文化机构和企业，主要从事音乐、影视、新媒体、设计、摄影、表演及创作活动，在全世界形成了广泛的文化影响力。

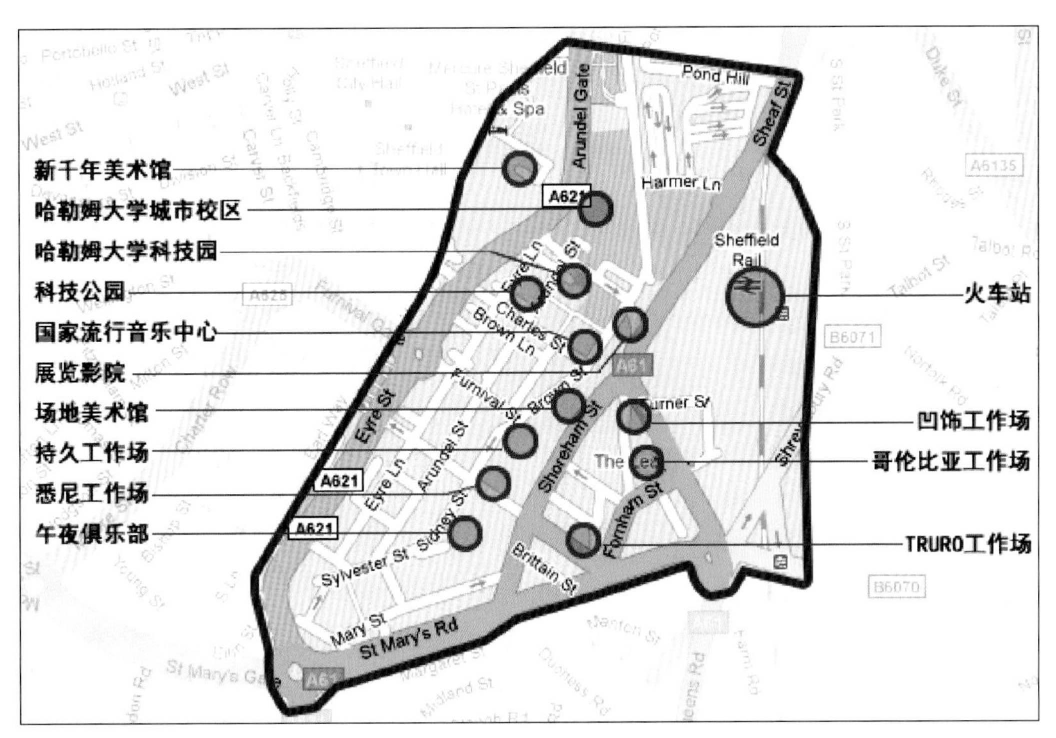

谢菲尔德文化产业区布局

来源：作者绘

文化产业区部分建筑（一）

来源：互联网

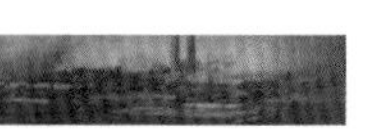

文化产业区部分建筑（二）
来源：互联网

（二）工业文化旅游

以工业文化参观体验为主题的文化旅游是工业历史地段更新与文化氛围提升的重要举措，也是工业文脉延续与传承的有效手段。首先是要保护和再利用原有的建筑物、构筑物、工业设备、场地等体现工业文明的元素，并以大型文化项目和文化活动为引擎，组织相关的旅游活动，大力提升工业历史地段或多个地段聚集地区的文化知名度，吸引人流聚集与体验参与、休闲观光和科普教育，形成工业景观、自然景观、人文景观融为一体的新型旅游方式，促进地段活力再生。德国鲁尔老工业区在更新中，构建了一条名为“工业遗产之路”的区域文化旅游线路，总长度达400千米，将大多数具有特殊代表性和震撼表现力的工业遗产以环形自行车道相连成的一个整体，“工业遗产之路”全线共有25个核心的节点，这些节点上布置了各类历史博物馆、全景眺望点以及一系列重要的功能组团。

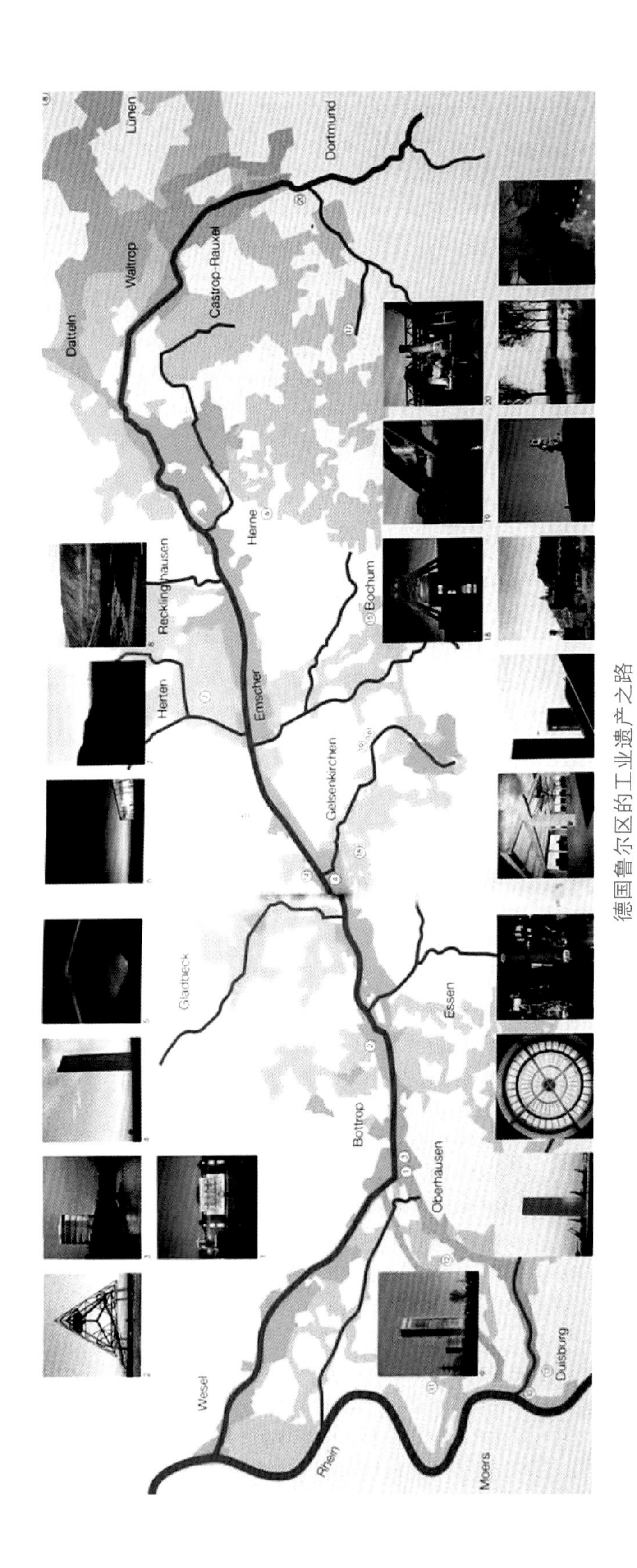

德国鲁尔区的工业遗产之路
来源：《后工业时代产业建筑遗产保护更新》

五 更新组织与制度建议

（一）实施路径引导

工业历史地段更新实施路径的选择与制定，应当首先从城市整体发展层面认识工业历史地段更新的基本规律和趋势，深刻理解城市空间布局与产业结构转型的内在关联和互动机制，从而更加准确地、因地制宜地制定工业历史地段更新实施的具体路径。

作者研究发现，城市空间布局和产业结构之间互相影响。用地布局优化能为产业结构调整提供良好的空间基础；产业结构调整能带动各类要素互相流动转换，进而促进用地功能和空间结构的优化。当前中国大部分城市进入存量时代，城市空间由增量扩张转向存量提质，产业结构、空间形态、土地转换特征等都与前一阶段存在显著差异（见下表），区位优越的工业历史地段，其生产功能的转移和区域商业、服务、文化创意产业的兴起，能够引发空间布局的重构，以及周边交通、居住等功能的集聚，实现地段微空间对城市大格局的影响。

工业化不同阶段的城市功能空间特征对比

	工业化初期	工业化中期	工业化后期
产业结构	一产为主	二产为主	三产为主
城市形态	点状	面状、带状	网状
用地布局	农用地比例最大，城镇用地比例较小	农用地比例下降，城镇用地增加	农用地比例下降，居住、交通、环境用地比例上升
土地转换	环境用地→农用地	农用地→建设用地	工业用地→商业服务业用地

来源：作者制

在工业化和城镇化发展基本规律和趋势的影响下，工业历史地段受到内外多重动力机制的推动，原有的“生产办社会”模式将会迅速瓦解，结合工业文化遗存的保护利用引入公共服务设施和特色功能业态，必将带动土地价值的提升、人居环境的改善、文化氛围的显现等一系列正效应，会对城市和片区功能转型产生积极的影响，各工业历史地段保护更新叠加形成规模效应，最终会撬动城市功能的转型。

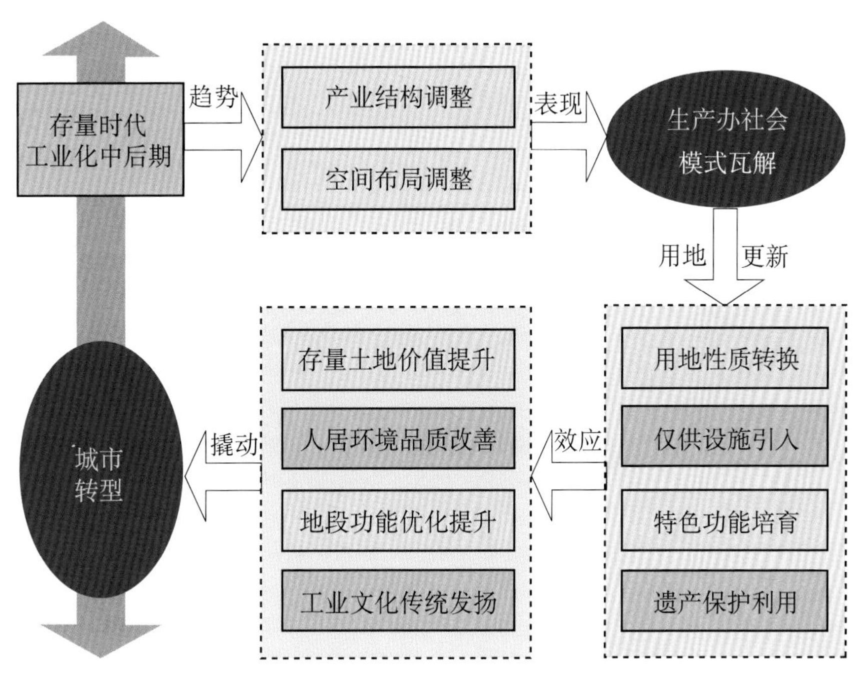

工业历史地段撬动城市功能转型路径示意

来源：作者绘

在对城市整体空间结构优化和产业转型规律和趋势认识的基础上，不同类型的工业历史地段，需要根据各自的场地条件特色，探索适宜的多样化更新途径。作者结合欧美发达国家的案例经验，大致梳理出三类更新实施的路径：一是积极发展新型产业，包括文化创意产业、旅游服务业、特色商业等，增加就业岗位，促进地区经济转型与可持续发展；二是引入城市和地区级的公共服务设施和文化设施，包括博物馆、展览馆、音乐厅、体育馆等，形成城市重要的功能节点和活力地区；三是通过土地置换、容积率奖励、存储和转移等激励的政策，在工业历史地段内建设城市公共绿地、工业遗址公园、大型开敞空间等，不断改善地段地区环境品质和形象。

（二）多方参与机制

工业历史地段的更新涉及经济、社会、土地、文化、环境、技术等多个方面的广泛内容，是一项长期和复杂的系统性工程，单纯依靠政府、市场或老厂区所属企业本身的力量很难实现预期的目标，应当建立形成政府组织引导，企业、业主、社会力量等多元主体广泛参与的更新机制。

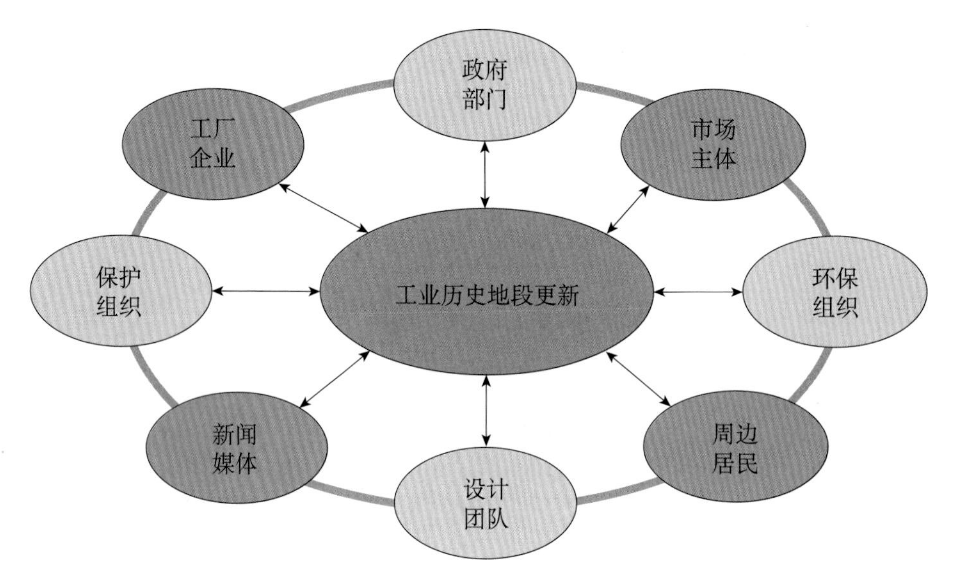

工业历史地段更新涉及的主体
来源：作者绘

政府的引导和支持是工业历史地段更新与转型的重要力量，其主导作用主要体现在以下几方面：

第一，政府应当成为更新的组织者、协调者、监督者。政府应进一步转变职能，提升治理能力，统一组织和协调工业历史地段的更新，成立相关机构，制订发展战略规划和保护更新规划设计等，明确保护更新的目标方向，制定出切实有效的战略举措和行动计划，并充分调动各方的积极性和主观能动性，组织和促进更新的有效实施和稳步推进。

第二，政府应当成为更新优惠政策的制定者。政府需要通过一系列财政补贴政策、税收优惠政策、就业补贴政策、各类专项基金的设立等方式，大力扶持适合工业历史地段发展的新兴产业、文化创意产业、商业、服务业、文化旅游业等，并通过下属的国有企业直接进行部分资金投入，参与工业遗产的保护、部分重要引擎项目的建设等，带动工业历史地段更新的顺利启动和实施。

第三，政府应当成为地段基础设施和环境治理的主导者和直接建设者。工业历史地段的更新需要政府组织大规模的基础设施建设，包括道路交通系统、公共文化设施、市政设施、环境设施等，同时政府应当主导工业历史地段的污染治理和生态修复工作，并进一步转变传统的管控模式，采取灵活多样的管理和引导方式，为工业历史地段更新再发展营造良好的自然与人文环境。

此外，工业历史地段更新应在严格保障公共利益的前提下，充分引导商业集团、文化旅游集团等市场主体和各类社会组织发挥更加积极的作用，尽量使市场的力量成为具体更新改造项目的资金筹募主体和建设的主要操作者，并积极承办更新改造后的商业运营和各类活动组织工作。

（三）规划体系优化

作者深入研究发现，快速城镇化时期增量发展背景下形成的规划体系难以适应新时代城市存量空间优化和生态文明建设的新要求。当前，我国的空间规划体系正在探索全方位系统性改革。工业历史地段的更新具有一定的特殊性，更新中对于环境污染治理和文化遗产保护是最容易被忽视的问题。因此，应当以新时代空间规划体系改革为契机，针对工业历史地段这类特殊的空间对象，从规划编制和实施管理的全过程分别对环境污染治理和文化遗产保护这两大问题进行科学的管控和引导。

一是增加工业历史地段的环境风险评估与生态修复的内容。2009 年，环保部发布《污染场地风险评估技术导则（RAG–C，征求意见稿）》，在此基础上 2014 年形成了《工业企业场地环境调查评估与修复工作指南（试行）》，分别从污染识别、现场采样、风险评估、修复方案编制、修复实施与环境监理、验收与后期管理等六个环节构建了场地风险评估和修复工作的基本框架。建议未来凡是涉及城市工业历史地段的更新改造和再利用，就应当严格执行环保部门的相关要求和标准，将场地污染风险评估与生态修复作为工业历史地段相关规划的强制性内容和新功能引入的前置条件。环境风险评估应当对地段内所有土地进行普查、对污染物进行建档和综合评估，针对不同污染类型提出具体的修复方案和计划。

二是增加工业历史地段的历史文化价值评估与工业文化遗存保护的相关内容。工业文化是城市历史文化内涵的重要组成，对于城市工业历史地段的更新规划，应当把地段工业文化的挖掘、历史文化价值的评估、遗产甄别与有效保护作为更新再利用的重要前置性条件。规划设计之初应当对工业历史地段内的空间景观、建构筑物遗存等进行系统调查和综合评估，从空间格局风貌、景观环境、建筑物、构筑物、工业设备设施等多个层次分别制定遗产保护与展示的策略和措施。

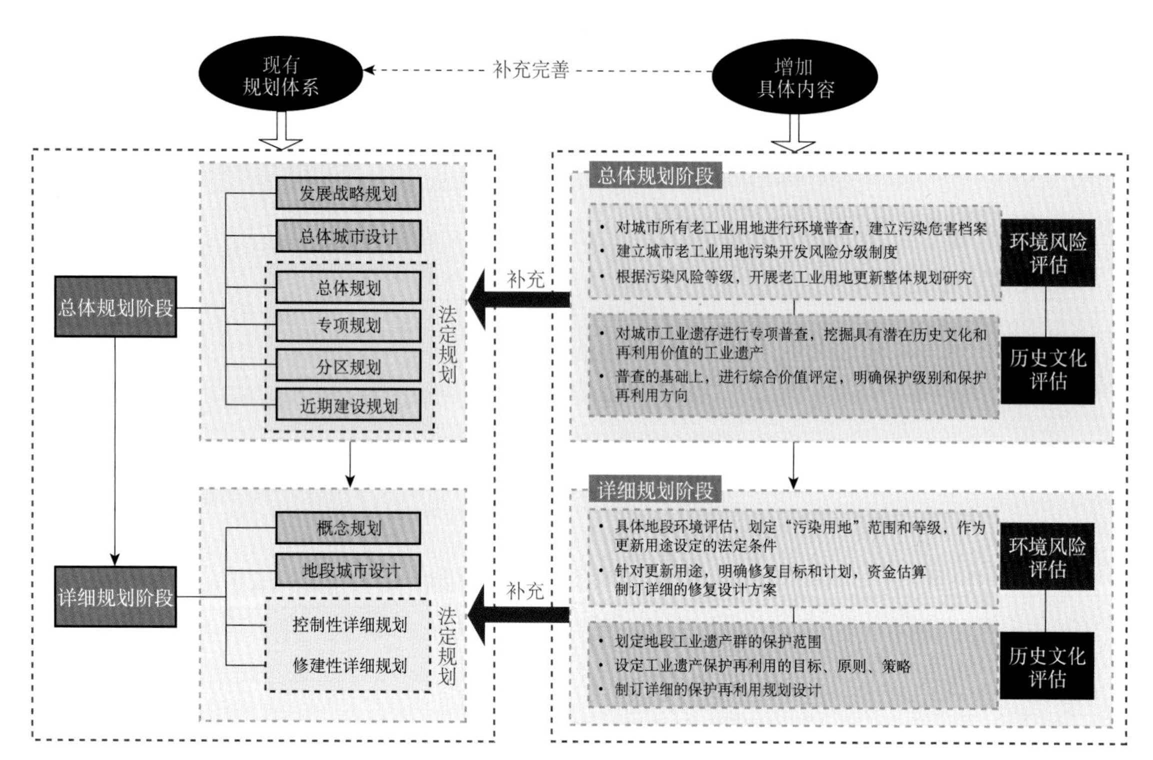

规划体系优化建议

来源：作者绘

（四）土地管理完善

老工业用地的污染治理和工业遗存的保护利用是存量时代城市发展需要重点关注的问题。但是，当前我国对于老工业用地的环境污染的重视程度和治理力度相对较弱，主要的规范和标准仅局限于生态环境部门内部，与土地管理部门的系统性联动机制尚未形成，因而在老工业的土地管理方面存在潜在的隐患。此外对工业遗存的价值认识也不到位，尤其对工业历史地段空间格局风貌的整体价值认识不足，导致大量整体特色鲜明的地段除文物保护单位的工业建构筑物外，被成片拆除的被动局面。

作者研究发现，当前我国对于城市土地的管理形成了相对完整的程序，通常是由政府下属的国有开发主体将土地进行整理，达到“七通一平”的标准后放入土地市场进行土地二级开发。二级开发一般是通过竞拍由市场企业获得开发权，因此二级开发过程中，市场企业一般都希望以尽量少的资金投入获得最大的经济收益，所以大多数二级开发的主体会省却巨额的污染修复费并尽可能地拆除原有的建构筑物以获得尽量多的完整土地。

此类机制不健全的问题给城市老工业用地的更新带来了巨大的潜在危害。

因此作者建议对于老工业用地的更新再利用，应当在土地收储后一级开发之前，增加环境风险评估和历史文化价值评估两大部分内容，在评估的基础上分别提出土地环境修复和工业遗产保护的要求，作为土地一级开发的重要前提。一级开发中除了完成“七通一平”外，还应当把环境修复策略和遗产保护策略共同作为土地二级开发的规划设计条件。在市场主体对老工业用地进行二级开发时，政府应对规划、建设的全过程进行监管，确保工业历史地段的更新再开发中能够消除环境污染隐患并有效保护历史文化遗存。

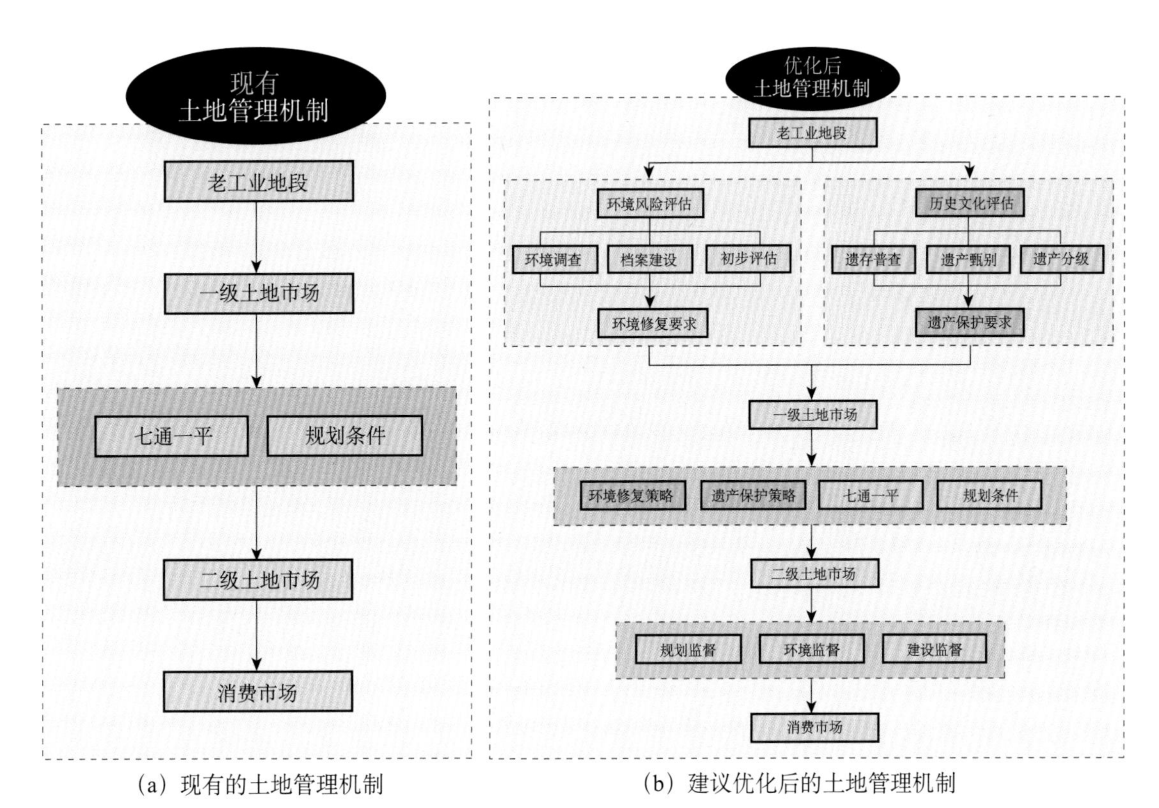

（a）现有的土地管理机制　　（b）建议优化后的土地管理机制

土地管理机制优化示意

来源：作者绘

第七章

实证研究：柳州空压机厂的保护更新

一　柳空老厂区保护更新背景

柳州位于广西壮族自治区中部、西江支流柳江的中游，是山水景观独具特色的国家历史文化名城，也是我国著名的工业城市。民国时期，柳州的近代工业特别是机械、化工等行业迅速崛起，成为新桂系的实业中心和重要的工业基地，被誉为“广西工业的心脏”。新中国成立后，柳州因雄厚的工业实力而长期保持广西经济发展的龙头地位，并成为“一五”“二五”和三线建设时期的国家重点工业城市之一。工业文化已经深深地融入了柳州城市气质中，工业遗存和工业精神成为柳州历史文化名城价值内涵的重要组成部分。

柳州空气压缩机厂（以下简称“柳空”）位于柳州北部，始建于1958年，是“二五”时期柳州的十大重点项目之一，也是我国压缩机行业的重点骨干企业，压缩机技术曾经处于国内领先地位，产品广泛应用于钢铁、电力、冶金、造船、航空航天等领域并广销海内外。柳空老厂区占地面积约28公顷，与柳州钢铁厂比邻，厂区内绿树成荫，环境优美，是广西著名的“花园工厂”。2013年，柳州空压机厂迁入新厂区，柳空老厂区正式停止生产。

2015年初，柳州市政府对柳空老厂区的土地进行了整体收储，并将收储的土地及地上建筑物、构筑物及相关附属设备设施全部移交市政府直属的城市投资公司进行管理、维护和建设。按照柳州历史文化名城保护的要求，柳空老厂区历史地段应当进行整体保护再利用。2016—2017年，中国城市规划设计研究院编制完成了《柳州空压机厂老厂区历史地段保护规划》[①]，明确了柳空老厂区保护更新的基本方向，建立了完整的保护更新体系框架，制定了详细的规划设计策略和措施。在规划的指引下，2017年柳空老厂区开始实施系统的保护更新工程，目前已取得了阶段性实施成效，“柳空模式”已经成为广西工业历史地段保护更新的经典范式。

柳州城市空间形态

① 作者是《柳州空压机厂老厂区历史地段保护规划》项目负责人，本章所有图片均来源于该项目。

建厂初期的柳空老厂区（1958）

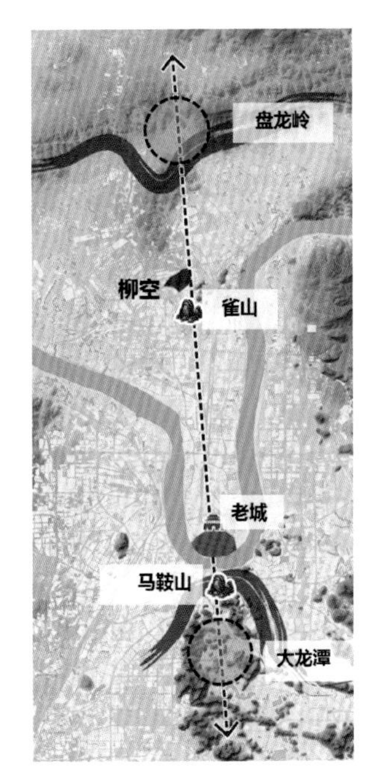

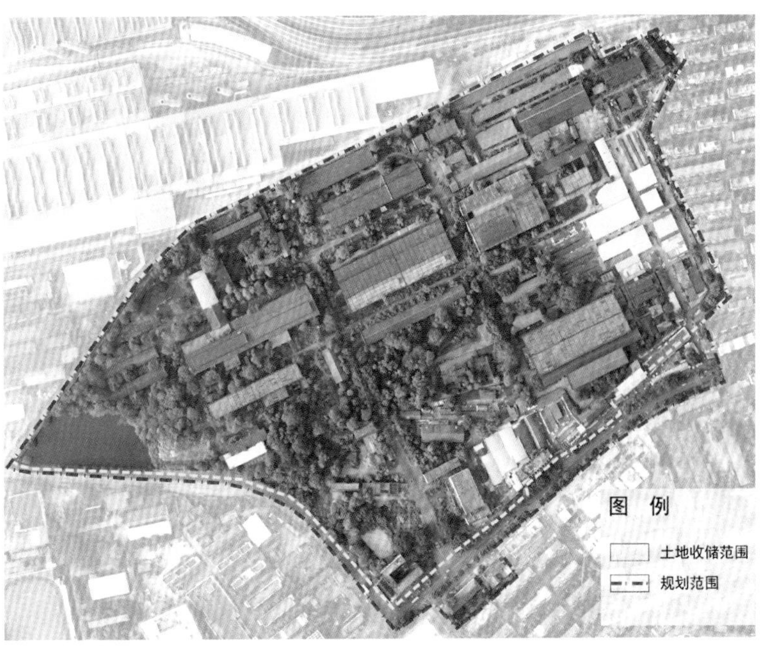

柳空老厂区区位及范围

二　柳空老厂区综合价值评估

（一）工业化发展视角

从柳州工业化发展的视角来看，柳空老厂区是柳州工业文明发展演化的重要见证。机械制造业的发展是贯穿柳州工业文化脉络的主线，空压机厂是新中国成立后柳州通用机械制造业的典型代表。空压机厂的建设、发展、繁荣、衰退的过程，是柳州工业发展的重要历史见证。“一五”“二五”时期是柳州工业大发展的阶段，“二五”时期建设的十大重点项目奠定了柳州重工业长远发展的基础和框架，空压机厂是十大重点项目之一，1958 年空压机厂积极响应柳州发展需要，边生产边建设，为柳州工业体系的建立做出了巨大的历史贡献。

柳州空压机厂在我国压缩机制造领域有着突出的地位，压缩机技术曾经在国内长期领先，是我国第一家荣获压缩机生产许可证和 ISO9001 质量体系认证企业，也是国内极少数同时具有压缩机生产许可证和压力容器生产许可证的企业。1960—1970 年，4L-20

“二五”时期柳州十大重点项目分布

型空压机等新产品的试制成功，填补了全国压缩机行业的多项技术空白，代表了新中国初期广西机械制造产业发展的最高成就。

柳州空压机厂的产品广泛用于钢铁、电力、冶金、造船、纺织、电子、化工、石油、矿山、轻工业、机械制造、造纸印刷、交通设施、食品医药、铸造喷涂、海运码头、军工科技、汽车工业、航空航天和基础设施等领域。1960—1970 年生产的空压机作为军用物资支援过老挝、越南、柬埔寨等国的抗美救国运动，相关产品先后出口过亚、非、拉、欧等 30 多个国家和地区。

柳空老厂区完整保留了原有的生产空间、建筑物、构筑物、设备设施、工艺流程等，作者详细分析了柳空老厂区内原位保存的 519 台工业设备的分布密度、类型特征、功能特点等，并多次与柳空老厂区已经退休的老工人、老技术骨干等人员进行了深入的访谈和沟通，最终清晰准确地推测出柳空老厂区原有的生产布局、工艺流程以及人与技术互动关系，对于研究和展示原有生产组织、社会经济特征具有重要的价值和意义。

作为军用物资出口的空压机

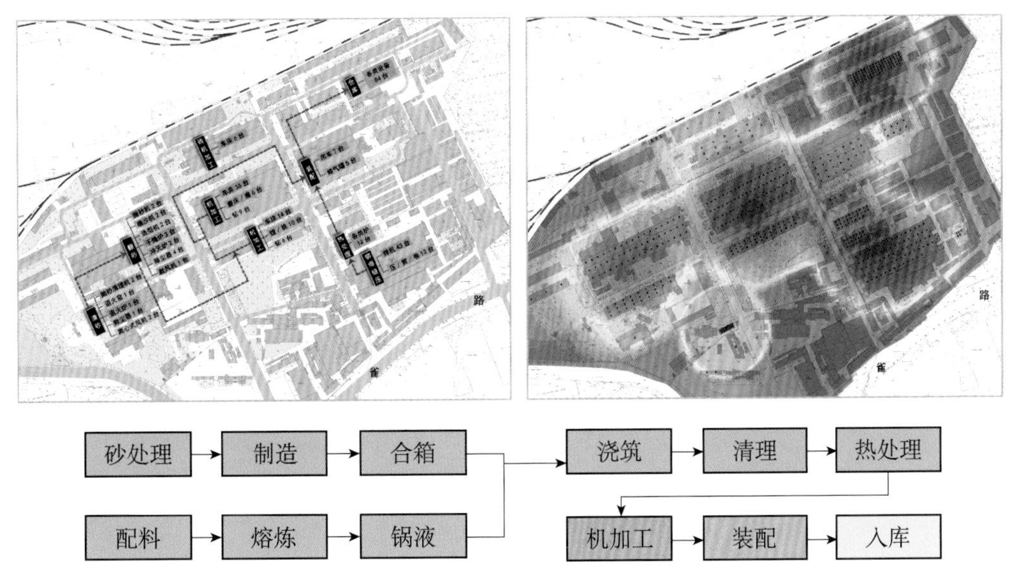

柳空老厂区设备密度分析与生产流程还原

（二）工业区建设视角

柳空老厂区充分体现了新中国成立初期我国机械类工业区建设的经典模式。老厂区生产生活区布局清晰、配套设施完善，整个地段形成了相对完整、独立的小社会，体现了柳州建国初期工业区布局的基本思路和方法。柳空影剧院、柳空幼儿园、柳空医院、柳空单身宿舍等相关配套建筑和设施至今仍保留或继续发挥着作用。

柳空老厂区保留着完整的空间格局形态和特色建筑风貌。空间格局以主要林荫道路轴线为统领，结合用地功能布局和生产需要形成了清晰独特的斜向方格网肌理，体现了工业理性的基本建设理念。老厂区整体风貌以错落有致的红砖建筑风格为主，以灰白色调的现代建筑风格为辅，以郁郁葱葱的多层次绿色植被为基底。

柳空老厂区内的建筑特征是不同生产功能主导的产物，不同功能需求下形成了典型的建筑特征和多样化的空间组合，体现出较高的科学技术价值。例如机加工车间是机械类工厂的主要生产加工车间，需要相对较大的空间来堆放材料和半成品，并尽可能扩大作业面和改善采光条件，根据这些要求建设的机加工一车间采用了大跨度结构和多个厂房错落组合的方式，各厂房的屋顶均采用双坡顶形式，主厂房采用侧窗采光，北侧低矮的厂房采用高窗采光，功能空间特点十分清晰；锻造翻砂车间生产过程中产生的热量会使周边环境温度迅速升高，需要大面积的窗户散热和通风，因而开窗比例很高，周边绿化植被也相对较多。

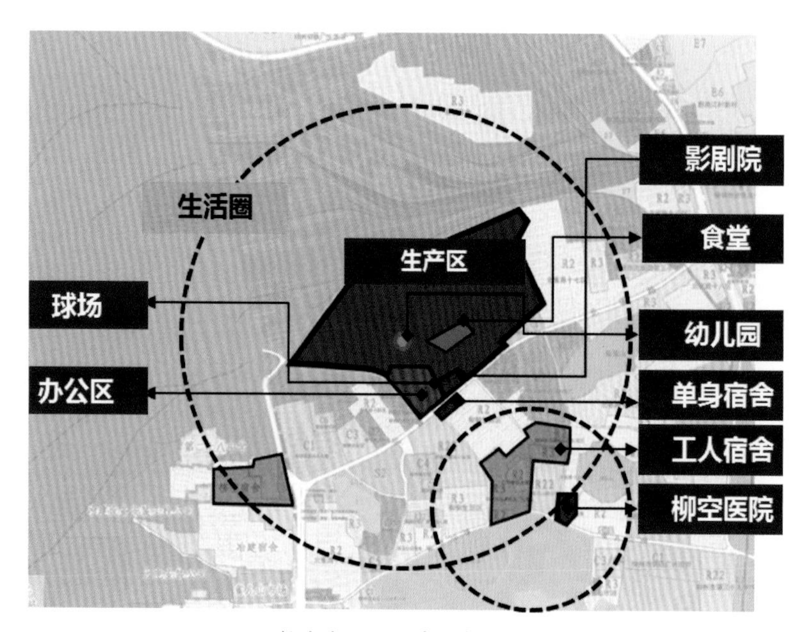

柳空老厂区原有功能分区

柳空老厂区空间格局

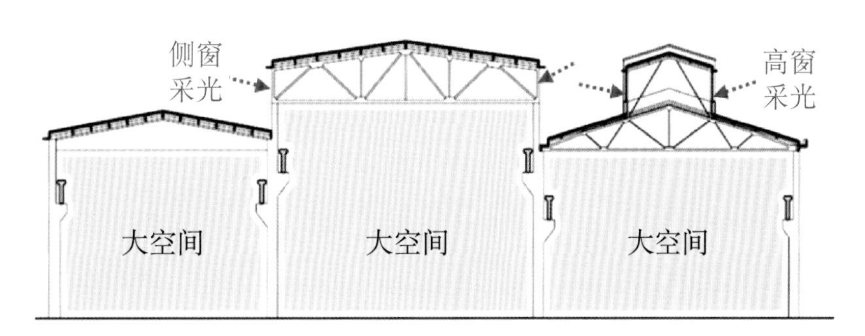

机加工一车间

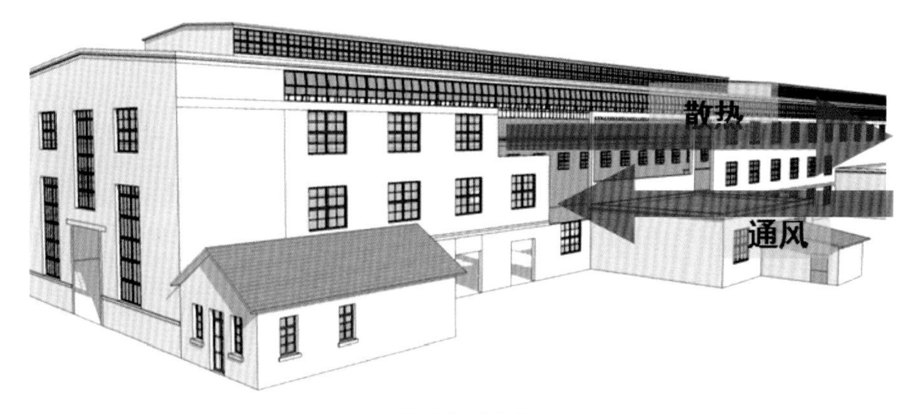

锻造翻砂车间

（三）生态文明视角

柳空老厂区是工业文明与生态文明有机融合的独特载体。老厂区保留着完整的“花园式”景观环境，绿地率高达24.8%，远高于同时期、同类型的其他工业历史地段[①]，是广西著名的花园工厂。柳空老厂区内部结合场地自然生态条件，因地制宜地布局不同的生产功能。例如西侧树木植被茂密，水面宽敞，隔离噪声和吸纳粉尘的能力强，因此厂区建设之初在西侧布局了初级加工区域，包括锻造翻砂车间、锻造清砂车间、木模车间等生产过程中温度高、扬沙粉尘多、噪声大的生产车间，以便尽可能通过自然环境减少工业污染带来的影响。从生态文明的视角来看，柳空老厂区的保护更新将成为柳州建设“花园城市”目标与工业文化保护的重要结合点。

柳北水厂绿地示意

柳州钢铁厂绿地示意

柳州机车车辆厂绿地示意

柳州工程机械厂绿地示意

① 据作者统计分析，同时期其他工业历史地段的绿地率基本维持在10%左右。

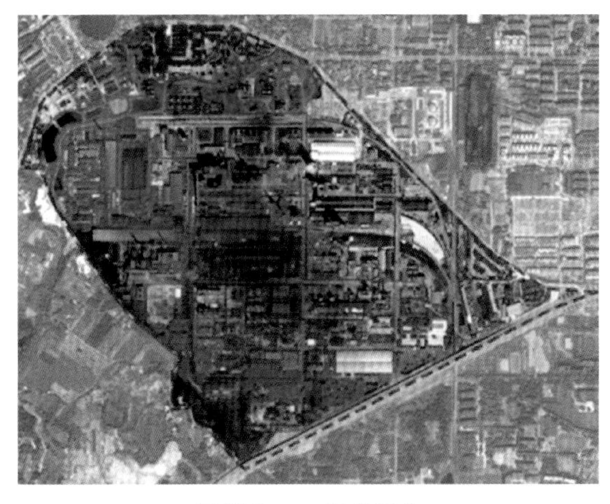

柳州化工厂绿地示意

柳州空压机厂绿地示意

三 柳空老厂区保护更新目标

柳空老厂区的保护更新，是柳州拓展历史文化内涵和提升城市特色的重要举措。保护更新中既要重视工业时代留存的物质和非物质遗存的有效保护，也关注地段更新再利用对城市功能转型与环境品质提升的重要意义。作者分别从保护和发展两大方面制定柳空老厂区保护更新的主要目标。

保护方面，柳空老厂区历史地段应成为工业文化遗存保护再利用、工业历史地段空间格局和特色景观保护延续以及老工业用地生态修复的示范区域。

发展方面，柳空老厂区历史地段应成为城市工业历史地段功能转型与复兴的标杆，形成新时代城市和地区功能提升与活力再造的引擎。

通过保护与发展目标的共同引领，构建柳空老厂区历史地段的保护与更新策略框架，系统施治，实现柳空老厂区在保护中发展，在发展中保护，塑造一处极具柳州工业城市特色的高品质空间，提升柳州的人居环境品质，为城市的发展转型提供新的动力。

四 柳空老厂区保护更新策略

结合新时代工业历史地段的保护更新目标与使命，并对照当前保护更新中普遍存在的突出问题，作者在柳空老厂区历史地段的保护更新实践中，以规划视角切入，分别从核心价值识别与保护体系建立、存量用地转换与城市功能转型、棕地污染治理与地段景观重塑三大方面系统构建柳空老厂区历史地段的保护更新方法框架和系统策略。

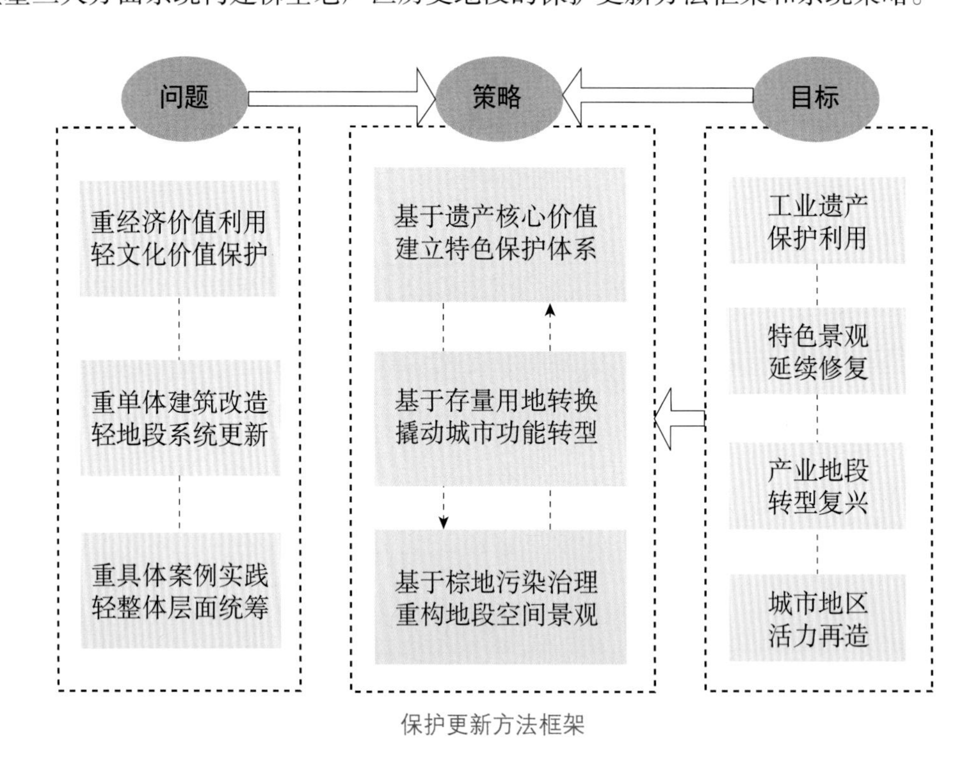

保护更新方法框架

（一）基于遗产核心价值，建立特色保护体系

本书前面章节的研究表明，技术进步是工业文明演变的主要特征，技术价值是工业文明的核心价值，具有突出技术价值的工业历史地段能够清晰地呈现工业文明演变中人与技术互动形成的生产组织方式，也能为技术的进一步发展提供历史的启迪。因此，柳空老厂区的保护更新探索以工业技术发展脉络，以及技术与人的互动关系为切入点，立足技术发展及其产生的时代影响，围绕实体空间与技术脉络的关联性特征，构建以技术价值为核

心的地段保护体系。保护对象主要包括技术空间、技术载体、生产环境和历史信息等。

1. 技术空间保护

柳空老厂区历史地段需要重点保护的技术空间主要包括地段的特色空间格局、生产主导的功能布局、体现技术特色的工艺流程等内容。在具体的保护更新实践中，作者提出了保护和延续柳空老厂区的传统斜向方格网肌理，新的建设应当重点保护和强化厂区内传统轴线序列、道路走向、建筑布局、景观组织等特征，尤其是要加强对传统轴线序列的保护，重点保护轴线两侧的老工业历史建筑、特色构筑物和设备设施，包括单身宿舍楼、柳空影剧院、厂房、办公楼等建筑物以及大门、告示栏、月亮门等元素，保留现有树木、草地及其他景观要素，整治提升轴线的空间环境品质，在有效整治提升的基础上，将传统轴线作为地段未来发展的主要功能空间轴，串接核心功能。

特色工艺流程是联系工人技能和设备设施的重要纽带，是柳空老厂区历史地段的特殊载体和重要的保护对象。但是，空气压缩机技术的更新换代和设备频繁淘汰使得当年的工艺流程仅以文献档案、工人口述、老旧设备等方式存留。因此，作者在研究中首先对柳空老厂区原有的生产组织、现存设备的历史功能、建筑形式、历史档案等进行详细的分析，完整地还原了原有特色工艺流程，进而提出了工业流程的具体保护措施，并作为展示游览路径设计的重要依据。

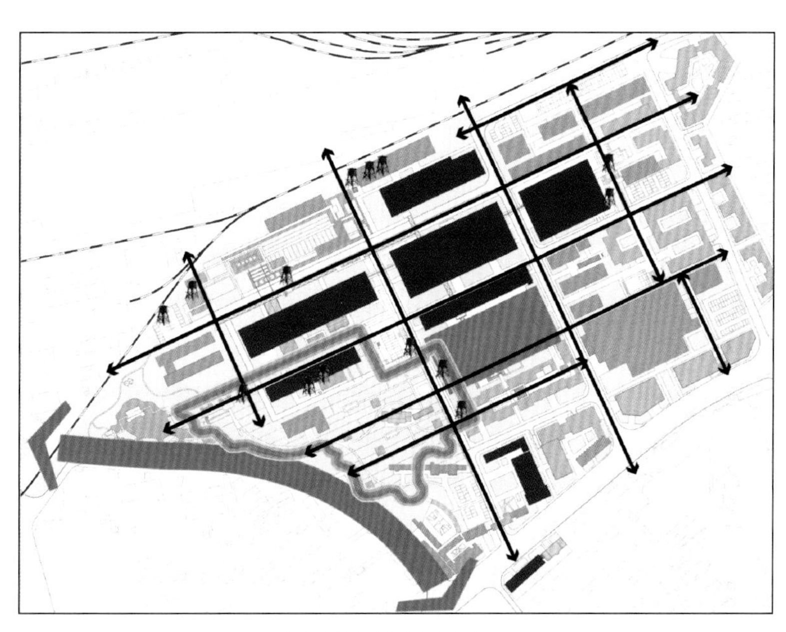

空间格局保护示意（一）

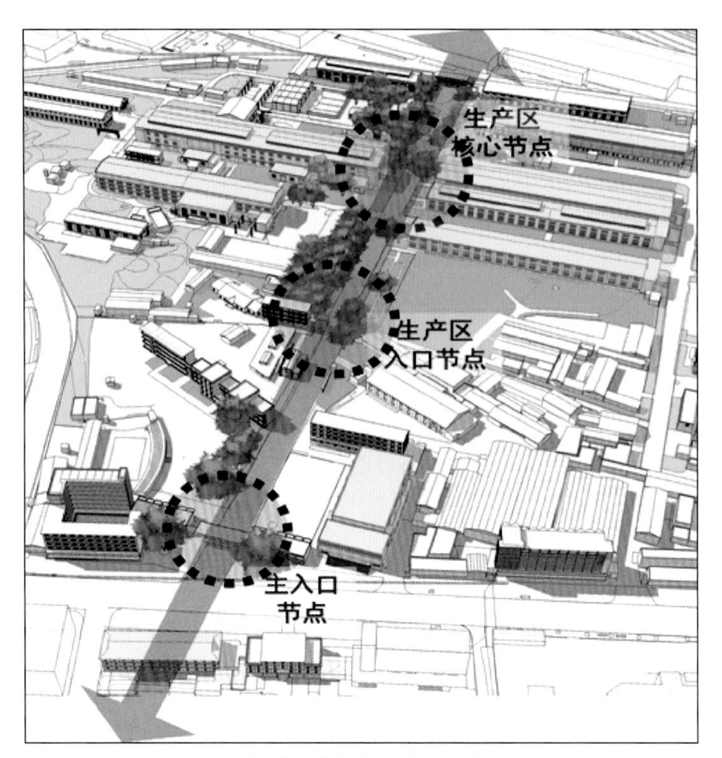

空间格局保护示意（二）

空间格局保护示意（三）

2. 技术载体保护

体现柳空老厂区历史地段技术价值的直接载体主要包括建筑物、构筑物、典型设备设施等。柳空老厂区内除了部分历史、文化、艺术、科技价值较高的工业遗产外，还保留了大量的一般性建筑物、构筑物，它们共同构成了地段的技术特色和格局风貌，是保护再利用的对象。作者以柳空老厂区历史地段核心价值的保护与展示为导向，构建了构筑物的综合评估体系，除了评估建筑质量、年代、结构、风貌等常规因子外，还引入了建筑风格特征、造型与色彩的独特性、在原生产流程的地位、空间再利用的可能性等因子。

依据评估体系对建筑物、构筑物进行综合评估，明确保护等级。通过对老厂区内每栋建筑的建筑结构、质量、原有功能、空间特征、建筑风貌等要素的综合评估，结合整体空间格局风貌的保护要求，确定每栋建筑的分类保护与整治方式。经过详细评估，明确地段内需要保护修缮的建筑 22 栋，需要整治改善地段内破损较严重但有一定特征的建筑 9 栋，需要保护展示的生产类构筑物 9 处，附属构筑物 4 处，铁轨 4 段。

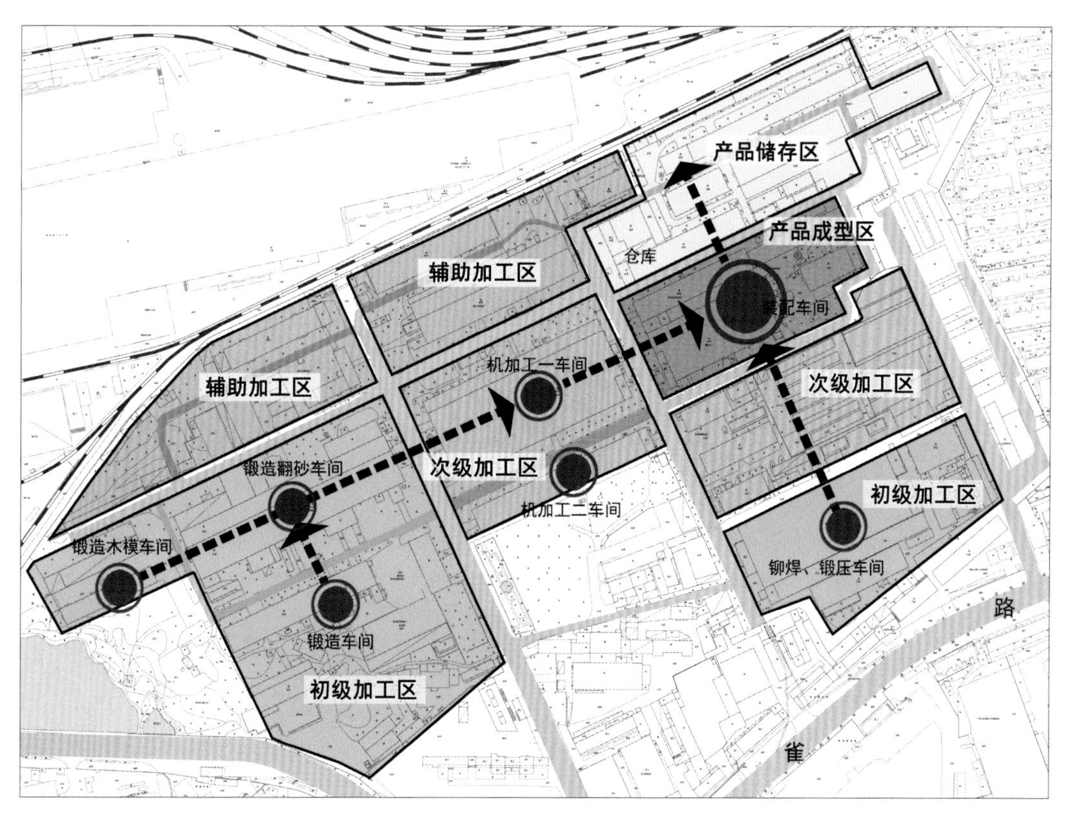

原有特色工艺流程示意

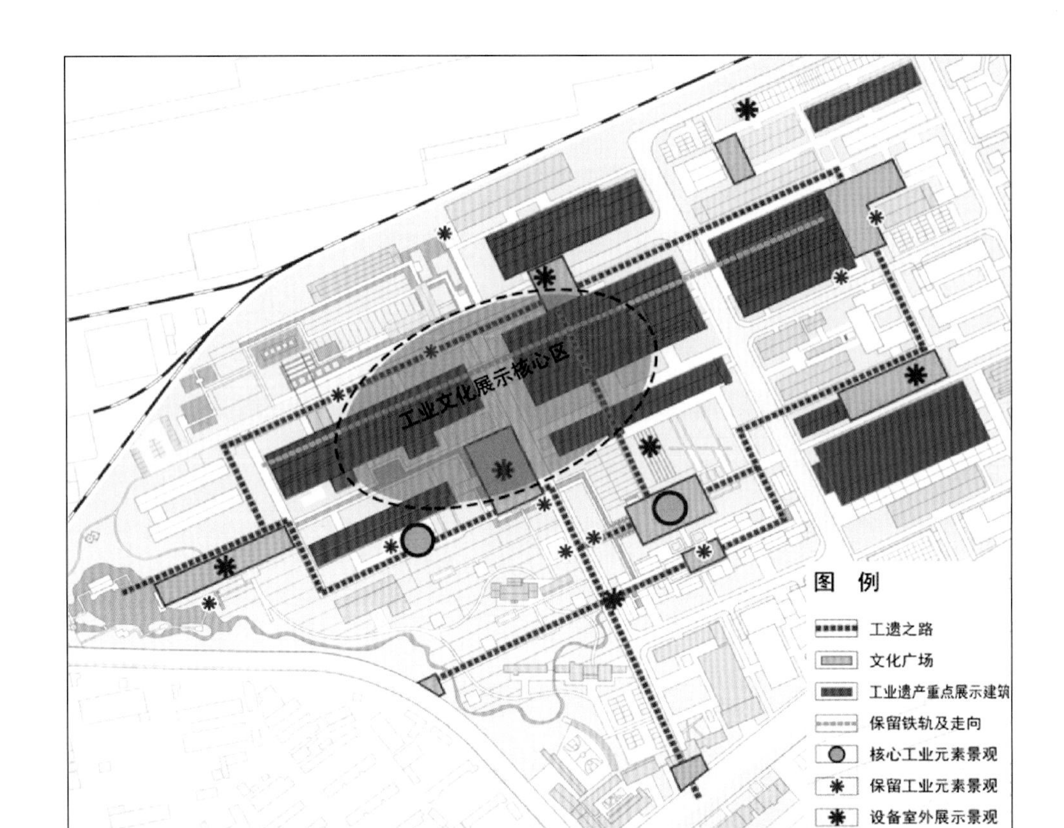

特色工艺流程展示

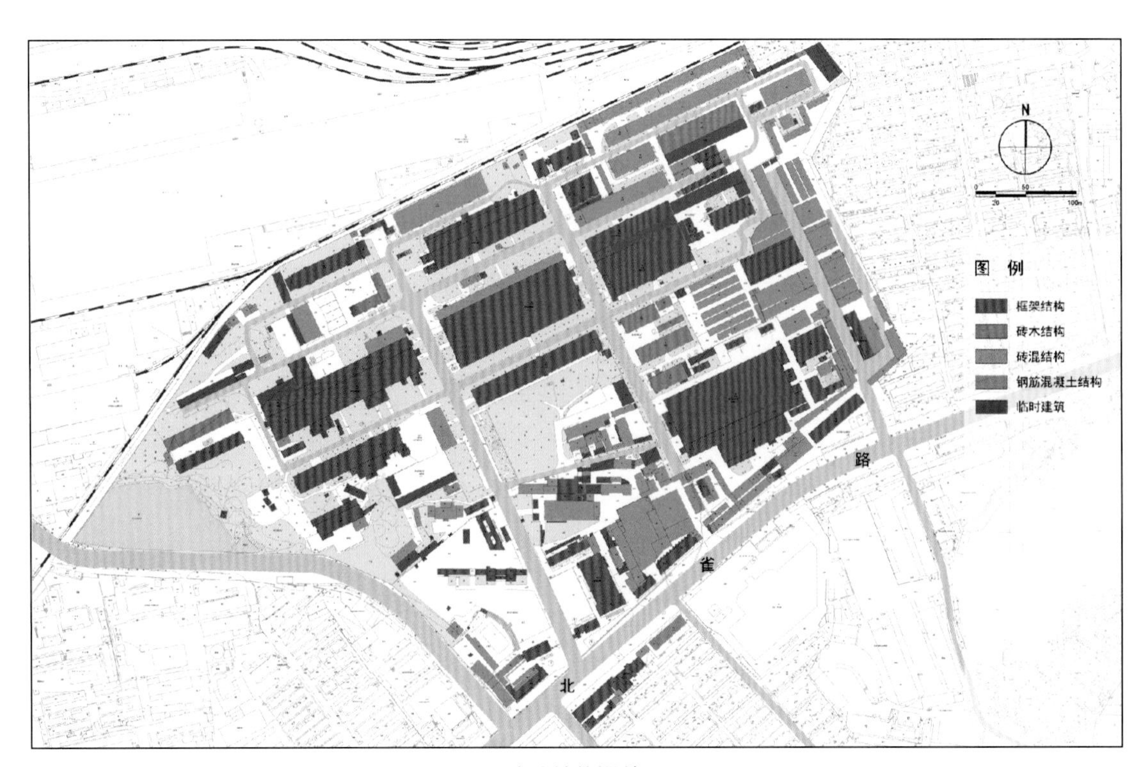

建筑结构评估

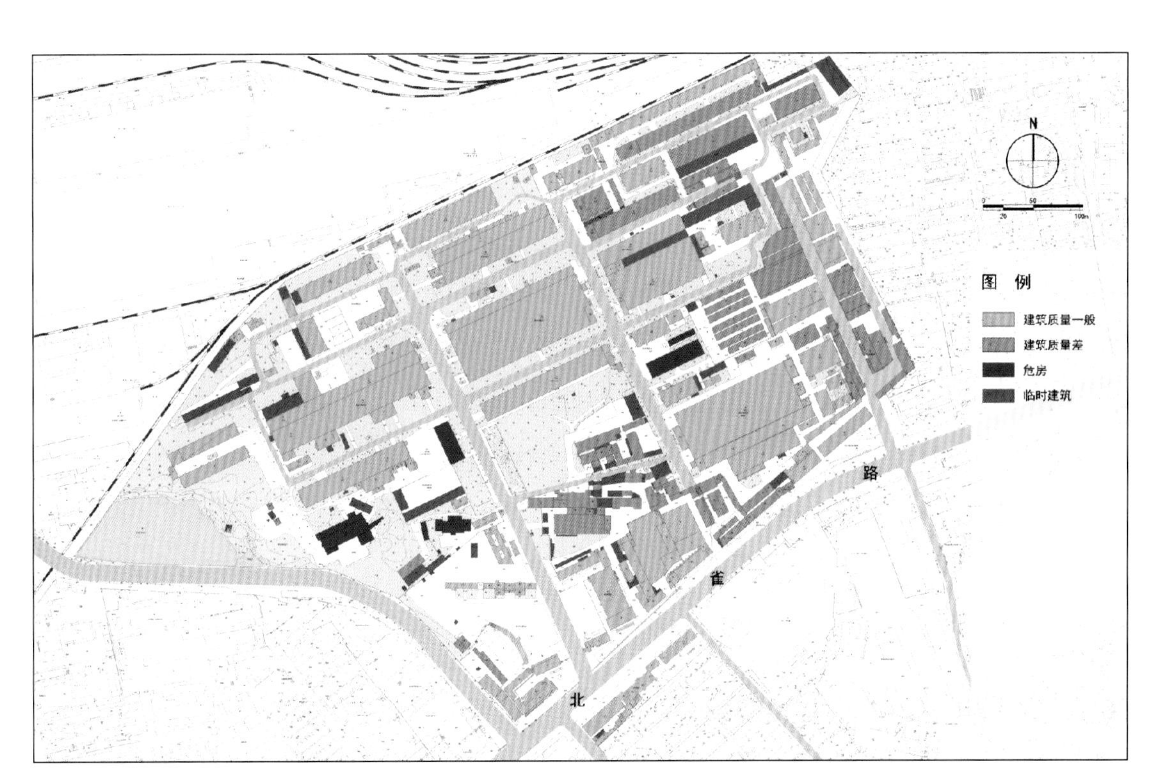

建筑质量评估

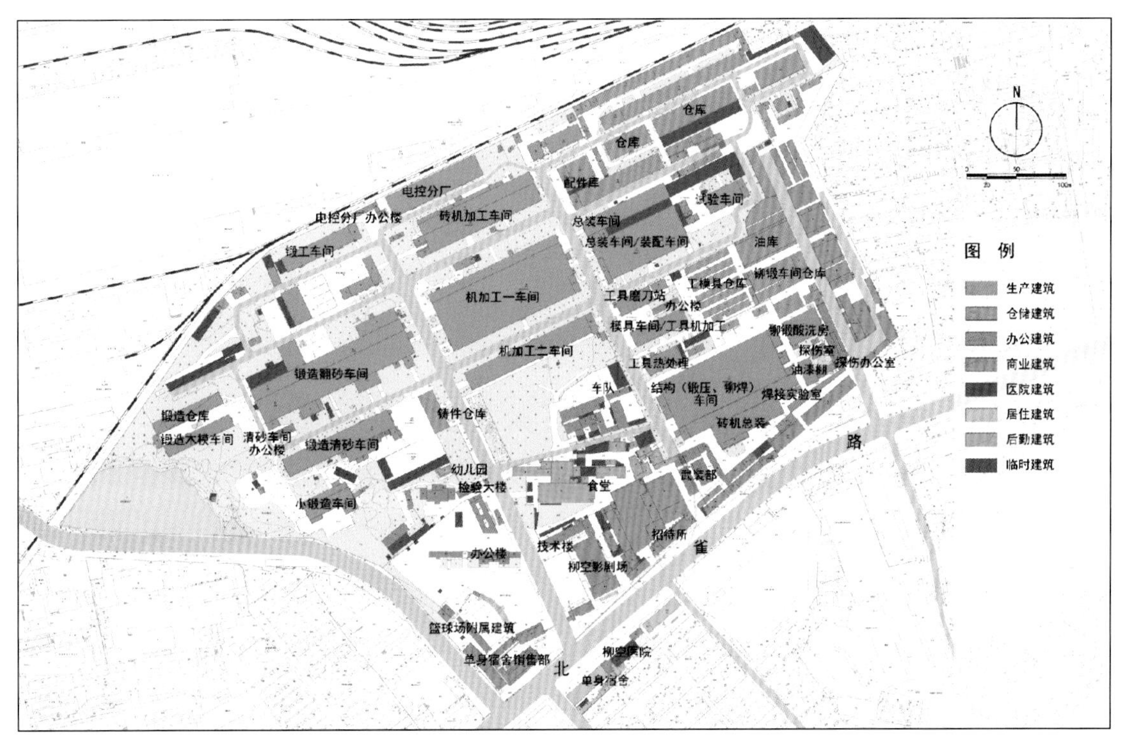

建筑原有功能分析

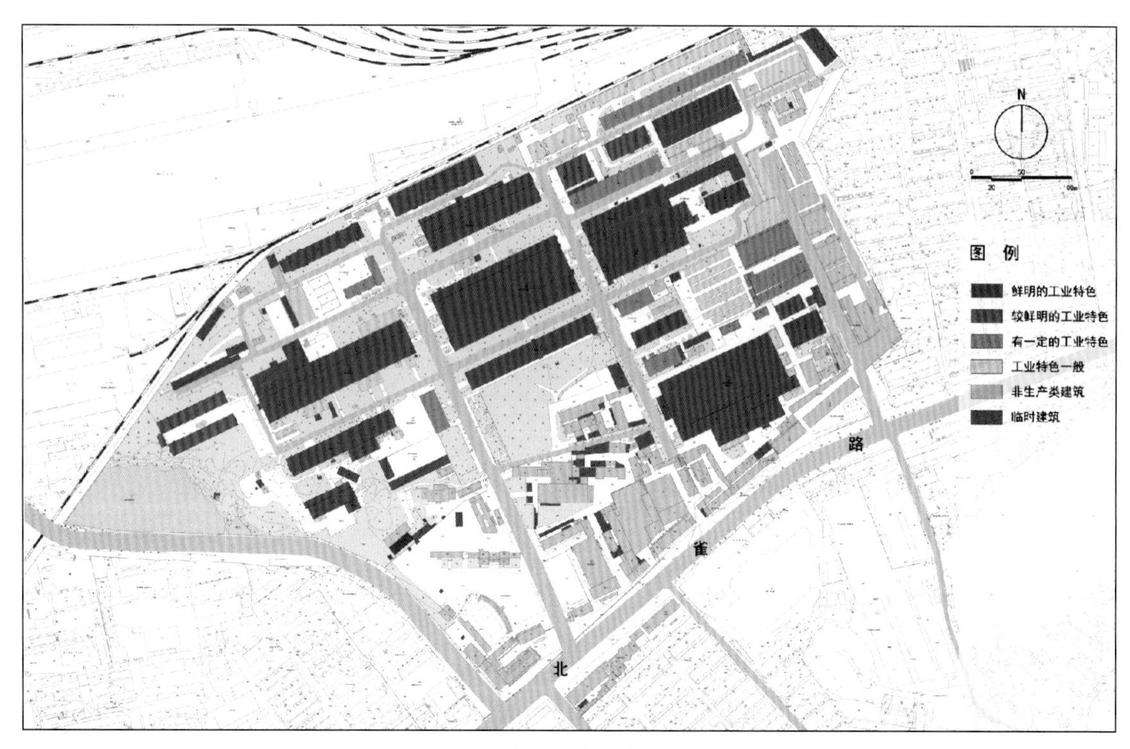

生产类建筑特色评估

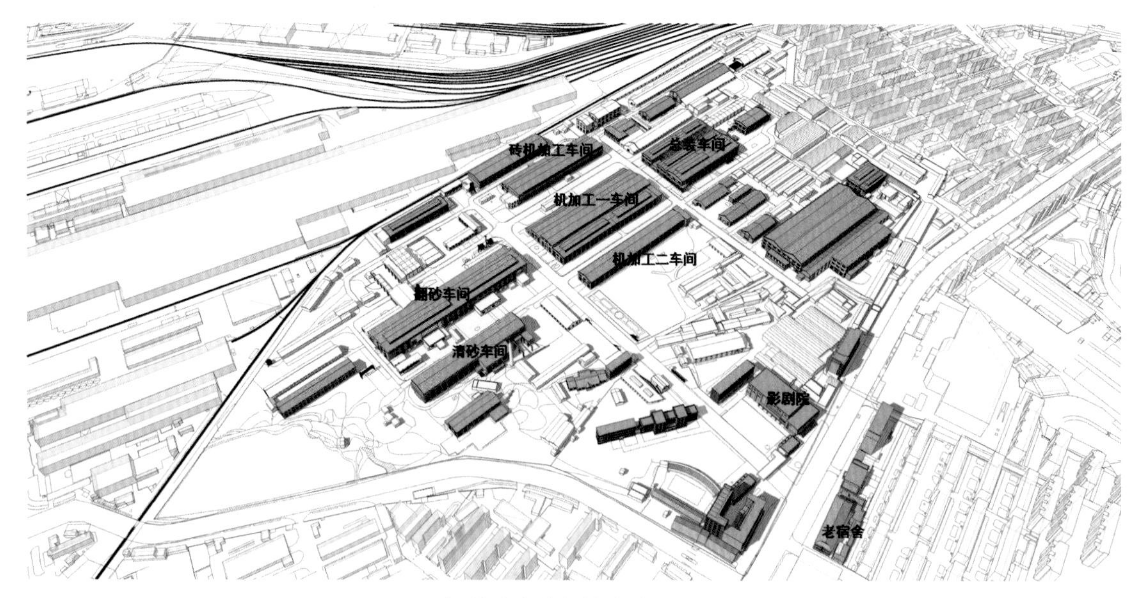

评估确定的保护类建筑物

以综合评估结果为依据，结合作者的研究成果，将柳空老厂区历史地段内构筑物的保护更新分为严格保护、新旧交织、化整为零、连接成组等多种方式，分类确定和引导每栋建构筑物的具体保护更新方式，目前被列入柳州市历史建筑的8栋老厂房已经基本完成保护修缮工程，取得了良好的成效。

主轴线两侧建筑群保护更新

保护修缮类建筑示意

整治更新类建筑示意

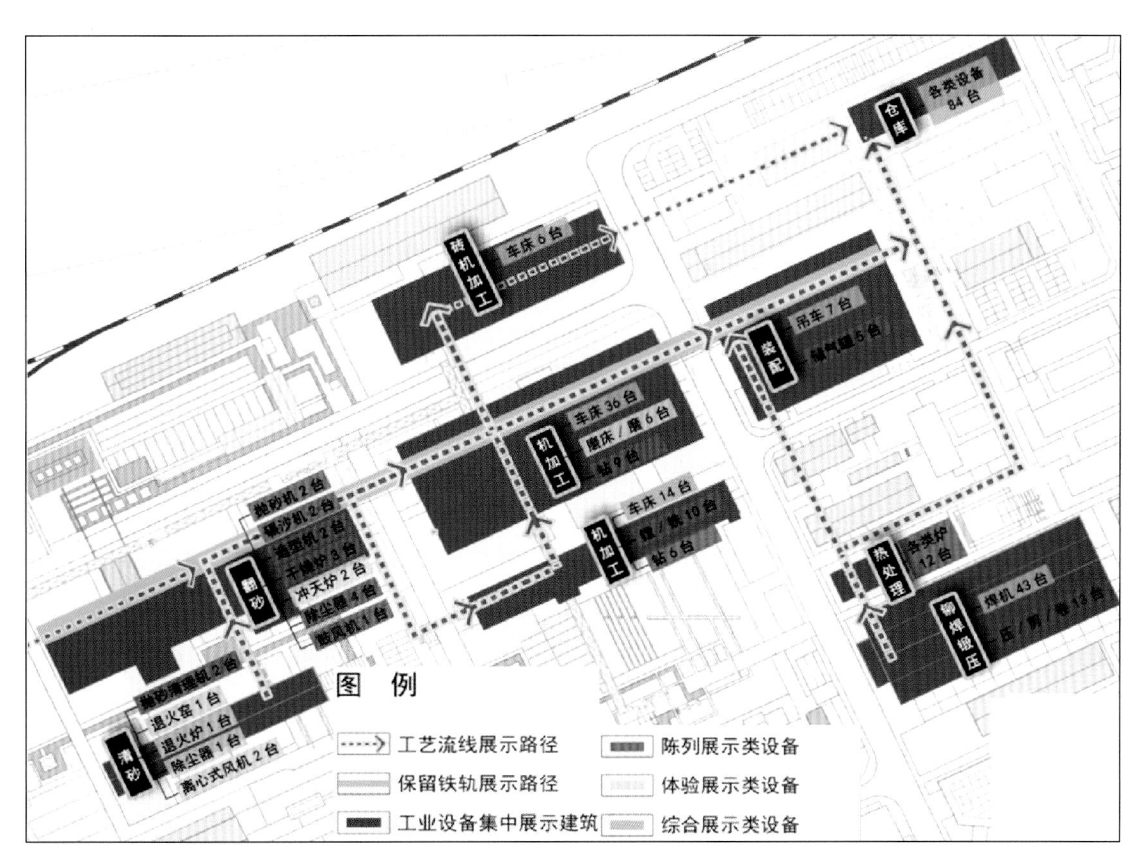

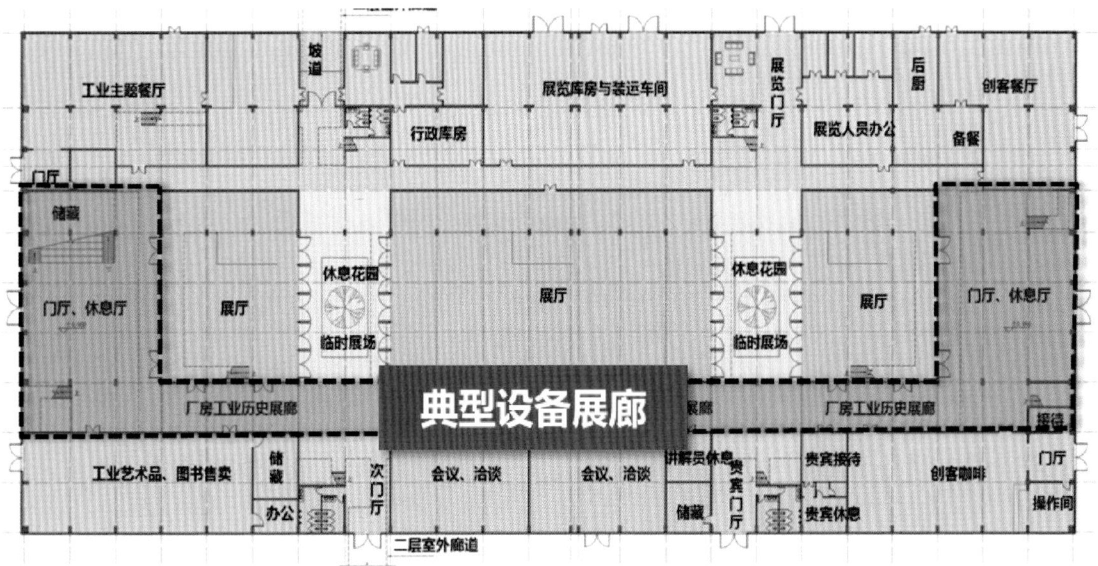

建筑改造方案中预留的设备展廊

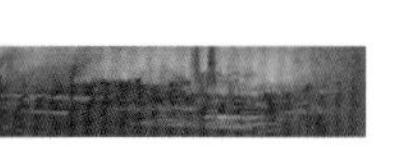

设备设施是体现工业技术进步的重要对象，在体量造型、材质、色彩、细部等方面往往也具有独特的工业美学价值，是工业历史地段区别于传统历史地段的特色载体。作者在对柳空老厂区历史地段内保留的519台设备设施进行登录、归类、特征分析的基础上，重点保护设备设施与空间、流程、工业产品的内在关联性特征，并结合新的功能融入地段整体的游览展示线路，充分展示原有的特色。

清砂车间保留的退火窑

保留的退火窑改造为景观性出入口

3. 生产环境保护

柳空老厂区历史地段的生产环境既包括最初选址时依托的周边独特的喀斯特山水形胜和城市环境，也包括地段内部由植被绿化、地形起伏、湖泊水系形成的花园式景观环境。对柳空老厂区生产环境的保护是地段整体保护的重要举措。作者将老厂区生产环境保护的重点聚焦于老厂区内自然景观与技术空间的关联，保护和充分利用现存的300余株树木、树林、绿地、水塘等自然环境要素，力求强化独特的场地记忆，并与地段景观设计有机融合，延续“花园工厂”的环境特色和工业时代形成的场所精神。

作者对柳空老厂区内环境特色最突出的西侧初级加工区域进行了重点的保护利用规划设计。以保留的大型开敞水面为核心，梳理贯通内部水系，适当布设了亭榭和小桥，种植当地特色植物，结合锻造翻砂车间、锻造清砂车间、木模车间以及室外废弃构筑物的保护与改造，设计了水上机械展区和小型游憩埠头等空间，形成了网络化的慢行游憩路线，试图塑造中国传统园林雅致宁静的空间氛围。

厂区西侧生产环境的保护利用设计

4. 历史信息保护

柳空老厂区的历史信息包括曾获得的荣誉、工厂发展过程中的重大事件以及老工人的情感记忆等。作者调查发现，这些历史信息不仅在工厂的历史档案和影像资料中部分保留，而且从老车间、老宿舍等建筑物内部的横幅标语、工作记录牌等历史痕迹中也有鲜活的体现。这些特殊的遗产和信息承载着柳空老厂区曾经的辉煌、几代柳空人的生活方式和历史记忆，对场所精神与人文记忆有直接的表现力，是技术价值的间接体现。因此，作者对柳空老厂区的历史信息进行了详细调查和系统整理，在建筑的改造方案中尽可能原位保留重要的历史信息，并将原锻造清砂车间改造为柳空历史文化馆，系统完整地展示柳空老厂区的发展历程和历史信息。

锻造清砂车间设计为柳空历史记忆展示专题场馆

（二）基于存量用地转换，撬动城市功能转型

1. 特色功能培育引导

当前柳州的产业结构以重工业为主，汽车、冶金、机械三大工业门类的总产值占全市工业总产值的 75% 左右，长期扮演柳州工业发展“三驾马车”的角色。总体来看，工业门类中精深加工和高新技术产品较少，技术结构不完善，高新技术的“孵化器”功能不强，大多数企业的自主研发和创新能力较差。此外，柳州的文化产业基础薄弱，信息技术、科研、文化、体育、娱乐等行业的从业人员偏少，现有文化创意产业的品牌影响力不强，知名度不高。

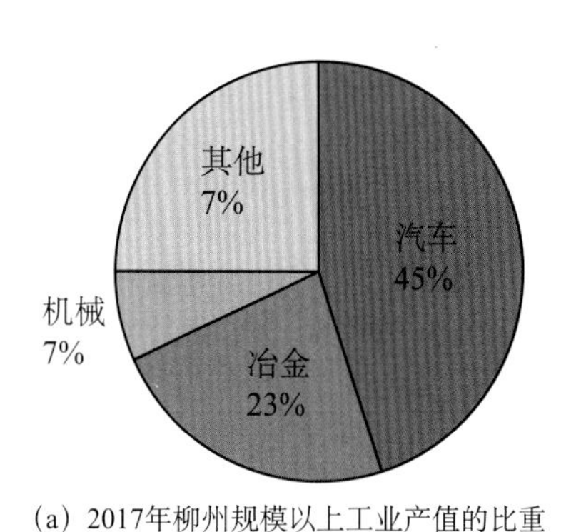

（a）2017年柳州规模以上工业产值的比重

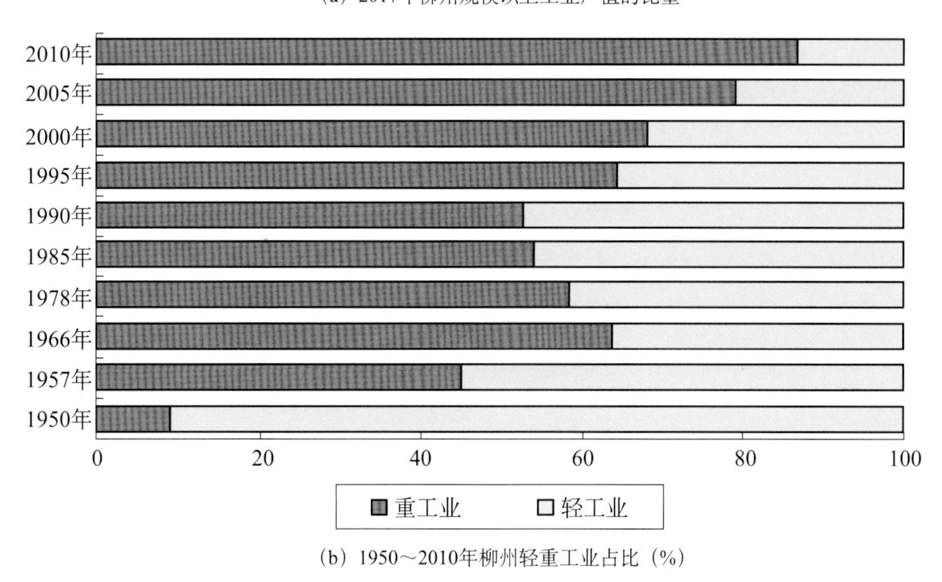

（b）1950～2010年柳州轻重工业占比（%）

柳州市产业结构现状

新时代城市发展动力由过去单纯依靠工业驱动转向多元驱动，文化、生态、创新、服务等成为城市可持续发展的重要动力。近年来，柳州市着力推进自主创新战略，以实现由传统工业城市向创新型城市的转型，而且近年来柳州专利申请、技术合同成交金额呈现出飞跃式发展的态势，民间文化创新氛围和能力正在不断提升。柳空老厂区所在北部片区是柳州传统的老工业区，公共服务、商业、文化、娱乐、公园绿地等功能相对缺乏，文化创意空间基本为空白。

根据城市总体的空间规划布局，北部片区将结合传统工业“退城进园”打造城市文化创新基地，柳空老厂区历史地段将成为文化创新功能的重要承载地。在深入落实上位规划的基础上，结合相关研究，作者将柳空老厂区定位为以工业体验、文化活动、创意设计为主导的特色化城市中心，顺应城市发展方向，依托主干路网，完善功能业态，成为疏解老城功能、重构城市中心体系的关键节点，意图通过这一特色化城市中心的塑造，能够带动北部相对隔离的老工业板块有机更新并融入城市整体结构。

城市中心体系布局中的柳空老厂区定位

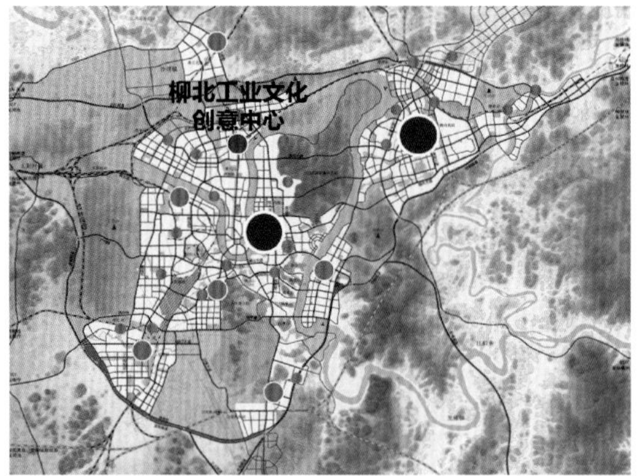

城市中心体系布局

具体业态布局方面，作者在充分研究北京、上海、杭州、广州等类似地段业态构成的基础上，顺应当前工业历史地段保护更新的功能多元化、兼顾公益和盈利、强调体验等趋势，并立足柳州实际和场地特征，将柳空老厂区历史地段分为三大功能板块：西片绿化层次丰富，主要承载休闲、展示等功能；中片建筑历史价值高，空间格局完整，主要承载公共活动功能；东片厂房宽敞，适宜音乐、戏剧等观演及创意办公、酒店等配套功能。建议地段业态中的特色活动、创意演艺和休闲展览三大类功能的构成比例基本相等，建设初期以公共设施建设、特色演艺项目为引擎，中远期适度谋划商业价值，实现部分资金平衡。

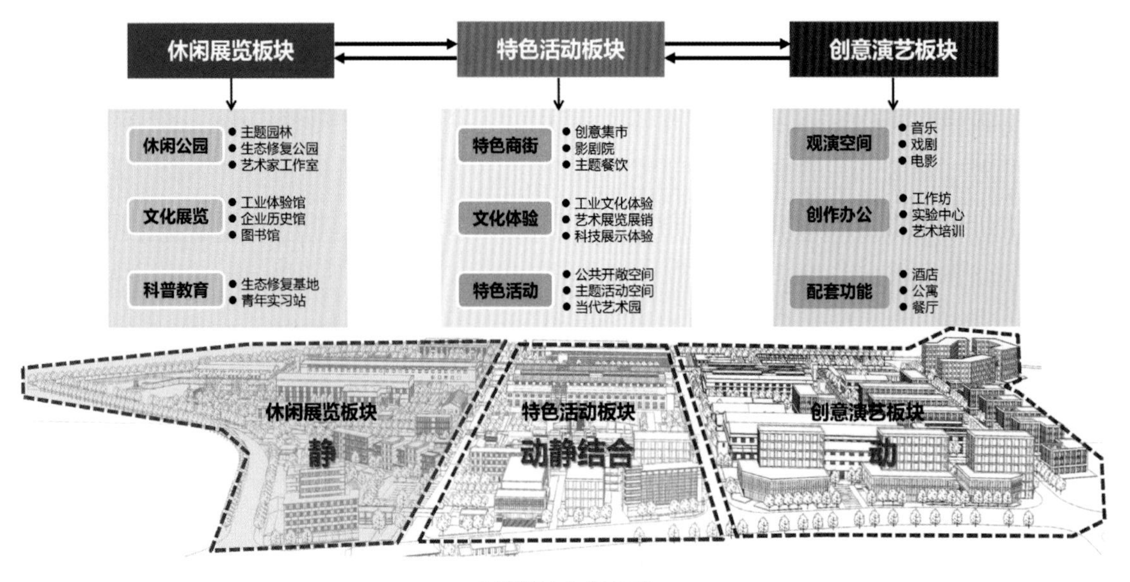

功能板块布局示意

2. 空间组织模式重构

柳空老厂区的形成充分体现了是我国计划经济体制下“工厂办社会”的空间组织模式，厂区内部建设以生产为核心的完整配套设施，包括影剧院、医院、幼儿园、单身宿舍等为职工及其家属服务的生活设施，形成了一个全功能式的封闭型小社会。柳空老厂区所在的柳北地区是传统的老工业区域，空间由一个个类似柳空老厂区的工业历史地段构成，片区路网密度远低于其他片区，交通不成体系，加上纵横交错的铁路线、山体等要素的分割，片区的整体空间呈现严重的碎片化。随着计划经济体制的瓦解和城市功能的转型，“工厂办社会”模式逐步解体，新空间模式的重构成为柳空老厂区保护更新的关键。

作者以新时代柳州城市转型和美好生活需求为指引，以公共空间优化和活力提升为契机，构建了以“生活为核心”、绿色、开放、共享的柳空老厂区历史地段的空间组织新模式。在整体保护地段空间格局风貌的基础上，结合新的功能定位和业态布局，以中心绿地广场为核心，通过步行廊道、水环、空中廊架等三套特色路径形成慢行空间骨架。结合场地工业元素和自然环境特征设置了广场节点和步行景观标志，构建了立体复合的慢行网络。

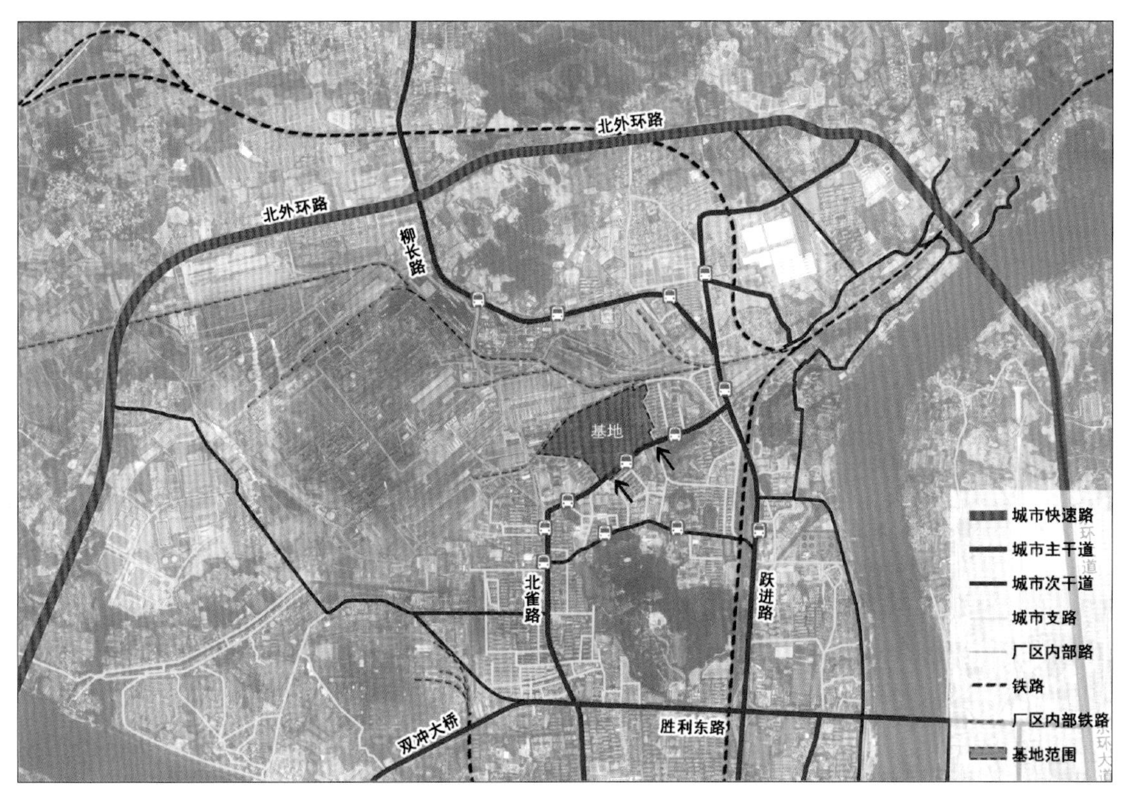

现状交通条件分析

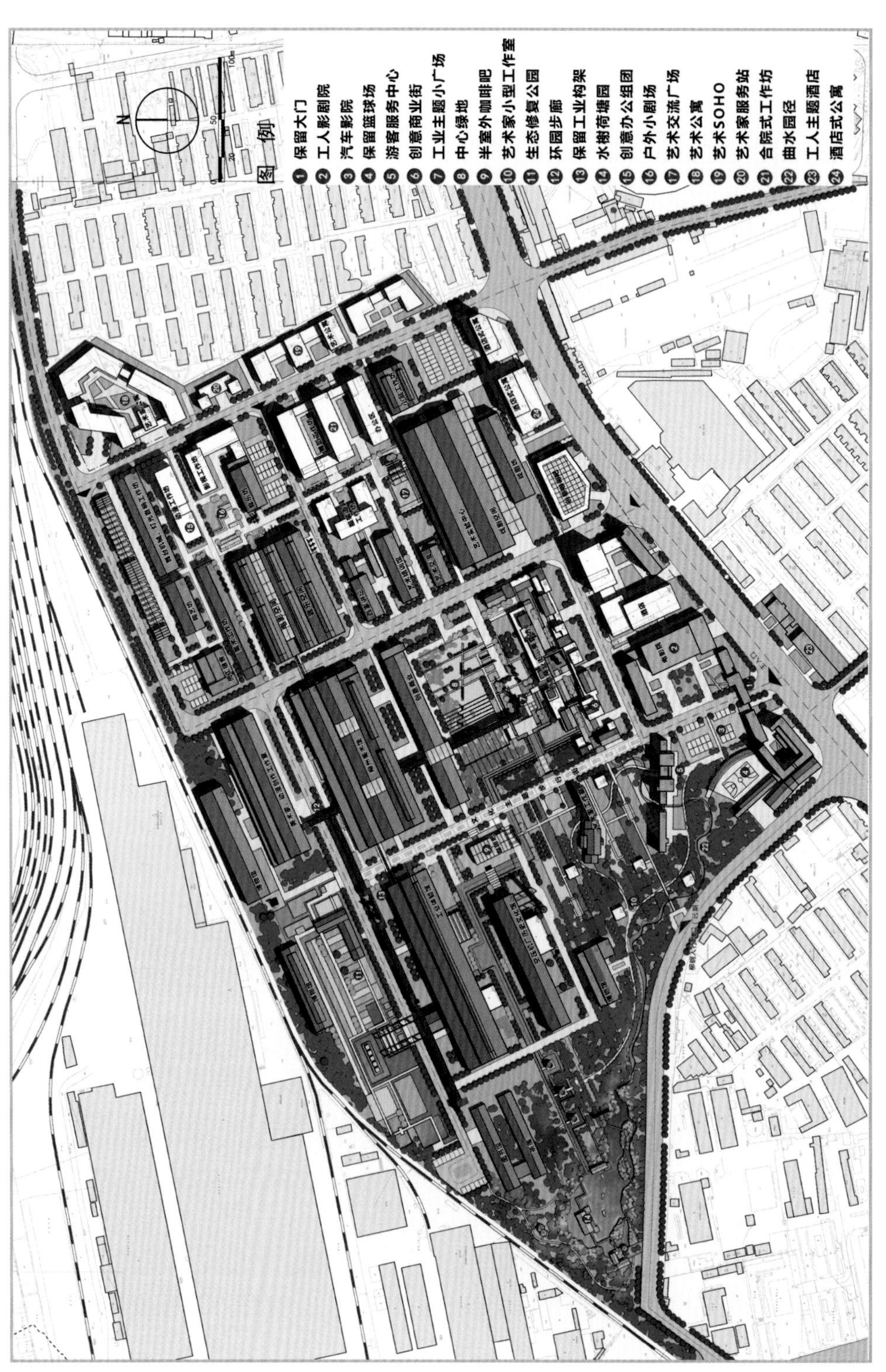
图例
1 保留大门
2 工人影剧院
3 汽车影院
4 保留篮球场
5 游客服务中心
6 创意商业街
7 工业主题小广场
8 中心绿地
9 半室外咖啡吧
10 艺术家小型工作室
11 生态修复公园
12 环园步廊
13 保留工业构架
14 水榭荷塘园
15 创意办公组团
16 户外小剧场
17 艺术交流广场
18 艺术公寓
19 艺术SOHO
20 艺术家服务站
21 合院式工作坊
22 曲水园径
23 工人主题酒店
24 酒店式公寓
N

空间布局总平面

3. 公共活动空间引导

具体空间设计中，充分运用慢行路径网络串联各类特色元素，与当代艺术空间、文化演艺、交流等功能相结合，形成具有工业文化特征和地域特色的公共活动空间。其中，作者重点跟踪和分析了游客、居民、创业者等不同人群的多样化活动行为特征和需求，分类策划了自然、艺术、运动和工艺等多元主题的功能空间和活动路径，试图塑造多样化、特色化、持续活力的城市魅力场所，促进地区功能的完善和活力的提升。

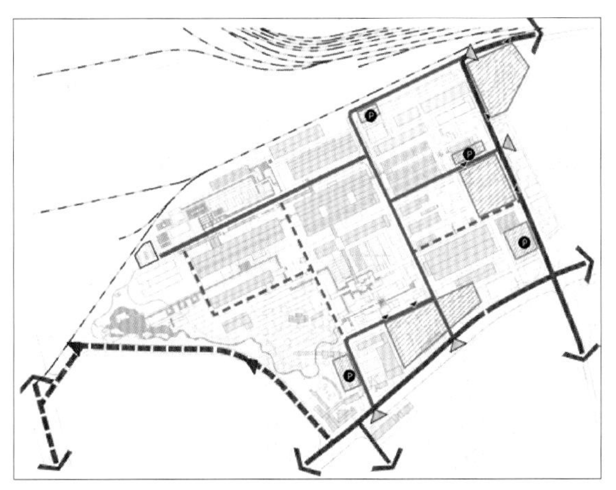

道路交通规划

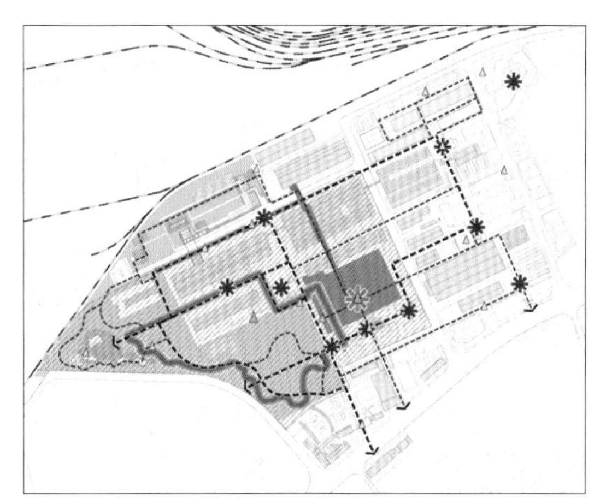

慢行网络规划

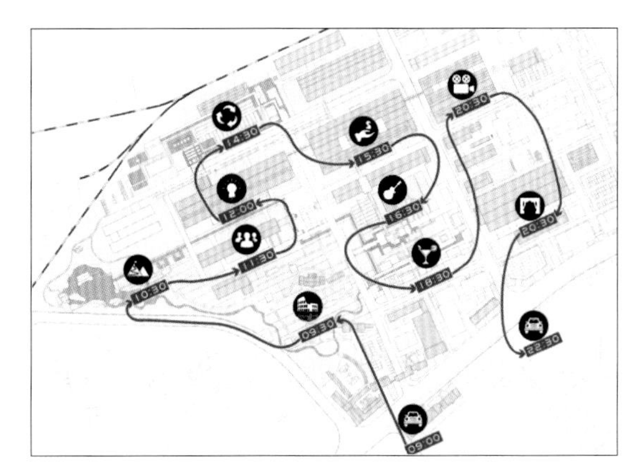

游客活动路径引导

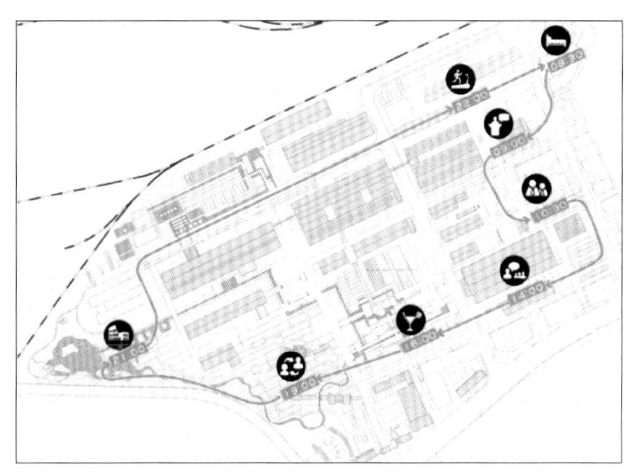

创业者活动路径引导

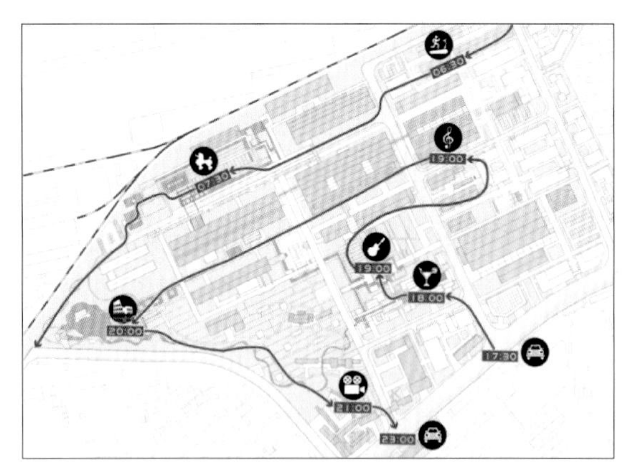

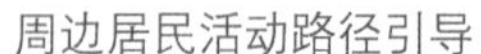
周边居民活动路径引导

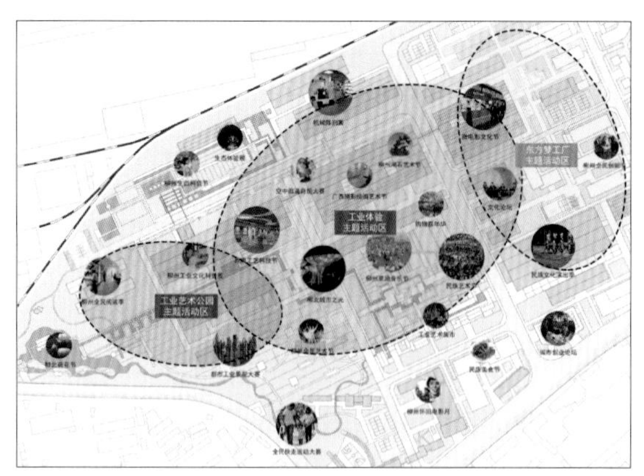
主题文化活动策划

（三）基于棕地污染治理，重构地段空间景观

如前文所述，工业污染会对人类、动植物造成危害，工业历史地段的场地生态修复至关重要。作者充分借鉴国际成熟的工业用地污染治理经验，深入调查和细分了柳空老厂区工业用地的污染类型，系统评估了各个地块的污染风险等级，确定了分类分级的污染治理和环境修复措施。并在污染修复的基础上，提出了地段生态功能提升和空间景观塑造的规划设计策略。

1. 土壤污染修复

柳空老厂区停止生产后，噪声污染、空气污染等基本不存在，当前地段以土壤污染为主，主要污染物包括化合物、油重金属、腐蚀性物质以及压缩空气含油冷凝液等。作者对柳空老厂区当前的土壤污染状况进行了详细的调查，按照污染程度将地段内各个地块大致划分为高风险、中风险、低风险三个等级。其中，原生产区域的土壤污染情况较为严重，属于高风险区，此区域的具体污染包括三种类型：一是厂房内因长期工业生产造成的大面积污染，如锻造翻砂车间、锻造清砂车间等内部地面及地面以下一定深度的土壤被污染；二是厂房内生产设备的运转、保养、长期废弃等过程中对周边地面的污染，如机加工车间、总装配车间、锻造车间、仓库等；三是室外场地的土壤污染，主要集中在污染严重的厂房周边区域。

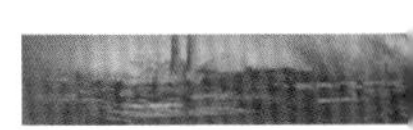

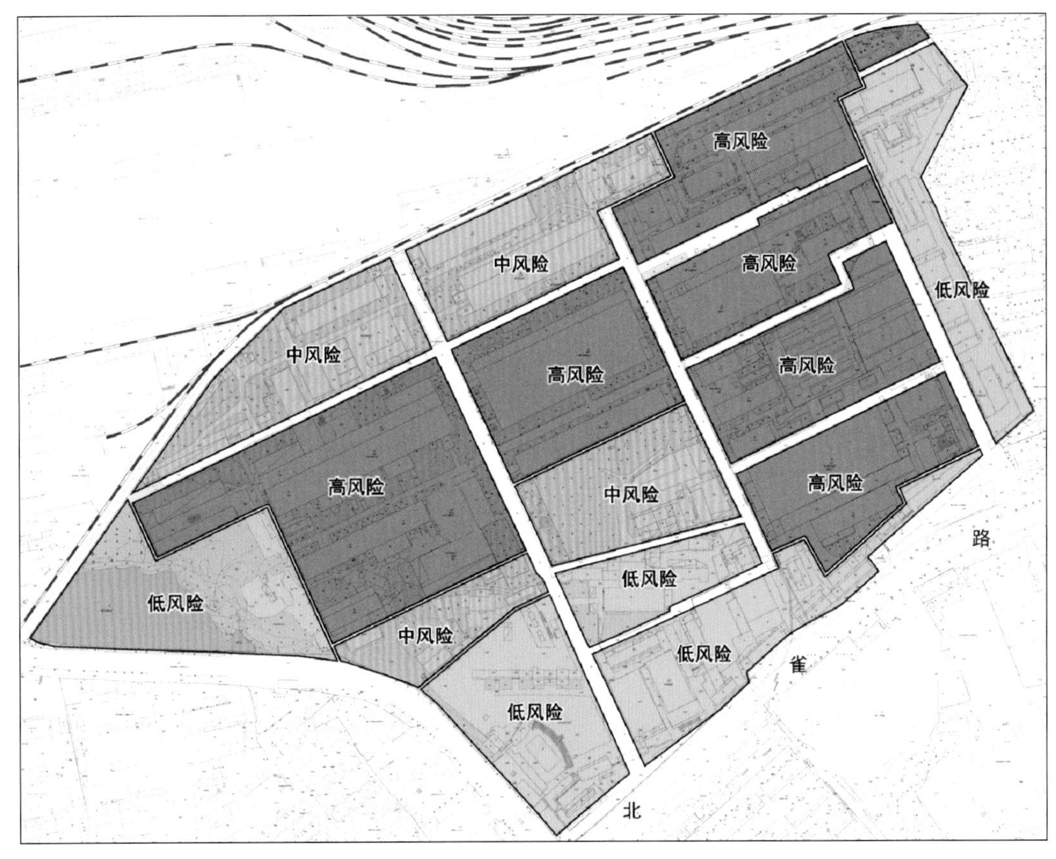

土壤污染风险分布

厂房内的土壤污染

废弃设备对土壤污染

厂房周边土壤污染

作者建议柳空老厂区历史地段的土壤污染修复采用目前发达国家常见土壤置换、土壤清洗和生物修复等三种方式。具体规划设计中，以土壤污染风险评估为基础，结合现状建筑物的分类保护整治和新功能的使用需求，综合确定地段内各地块的土壤污染修复策略（见下表）。

表 7　柳空老厂区土壤污染修复策略制定思路

风险等级	修复策略	居住	文化休闲	商业办公	开敞空间
高风险	不处理	×	×	×	■
	土壤置换	√	√	√	√
	土壤清洗	○	○	○	√
	生物处理	■	○	○	○
中风险	不处理	■	■	■	○
	土壤置换	√	√	√	√
	土壤清洗	○	√	√	√
	生物处理	○	○	○	√
低风险	不处理	○	○	○	√
	土壤置换	√	√	√	√
	土壤清洗	√	√	√	√
	生物处理	√	√	√	√

√ = 适宜　○ = 较适宜　■ = 不适宜　× = 极不适宜

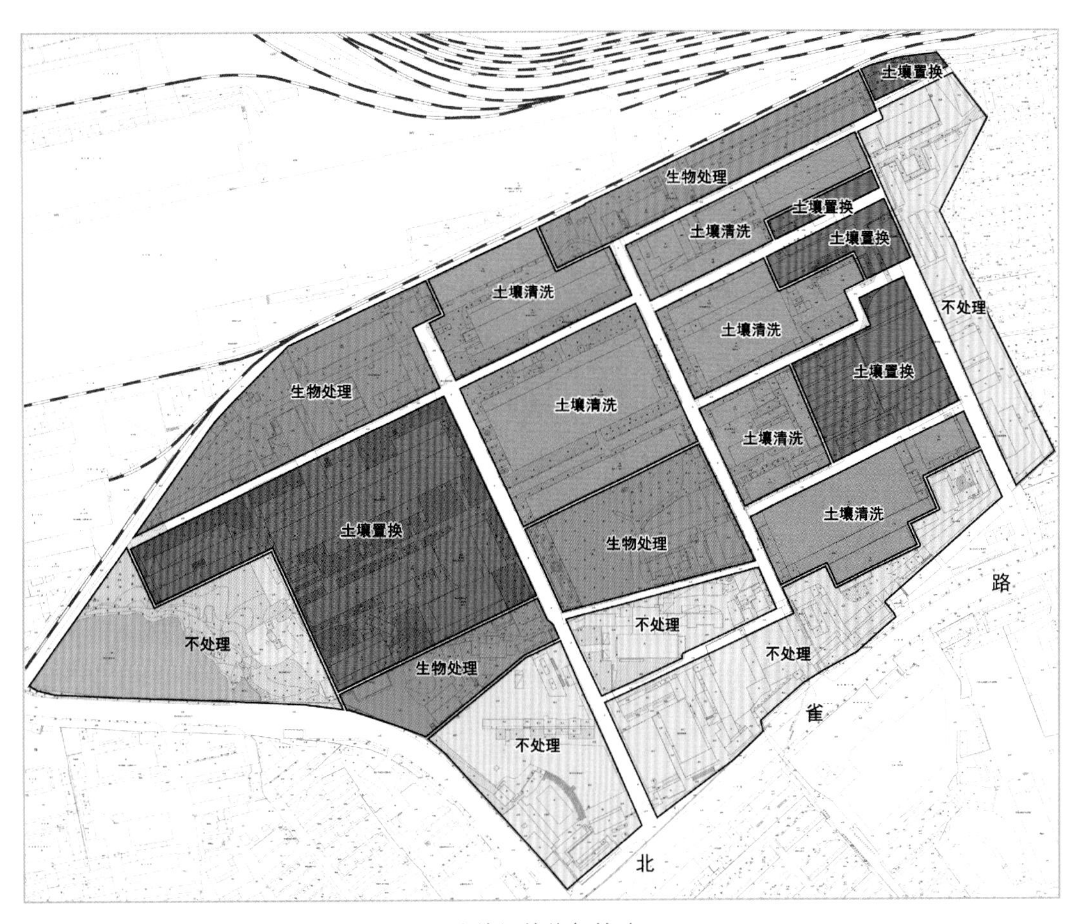

土壤污染修复策略

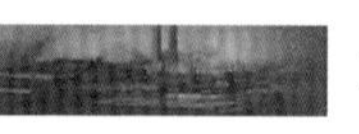

2. 生态功能提升

在对土壤污染修复的基础上，作者结合柳空老厂区“花园工厂”的景观特征，进一步提出了建设“海绵园区”的理念，旨在提升地段的综合生态功能和应对灾害的“弹性”。根据柳州自然条件和柳空老厂区的场地特征[①]，通过绿色屋顶、下沉式绿地、集水道路、通水硬地等要素构建地段的水土净化系统。并选取了地段西北片一块污染最严重的小场地作为生态修复公园，充分采用湿地营造、“小海绵体”建设等方式对场地内受污染的水土进行修复再利用，并以水系串联公共空间，与生态修复、景观塑造、工业科普等多元主题有机结合，作为地段污染治理和生态功能提升的先行区和示范区域。

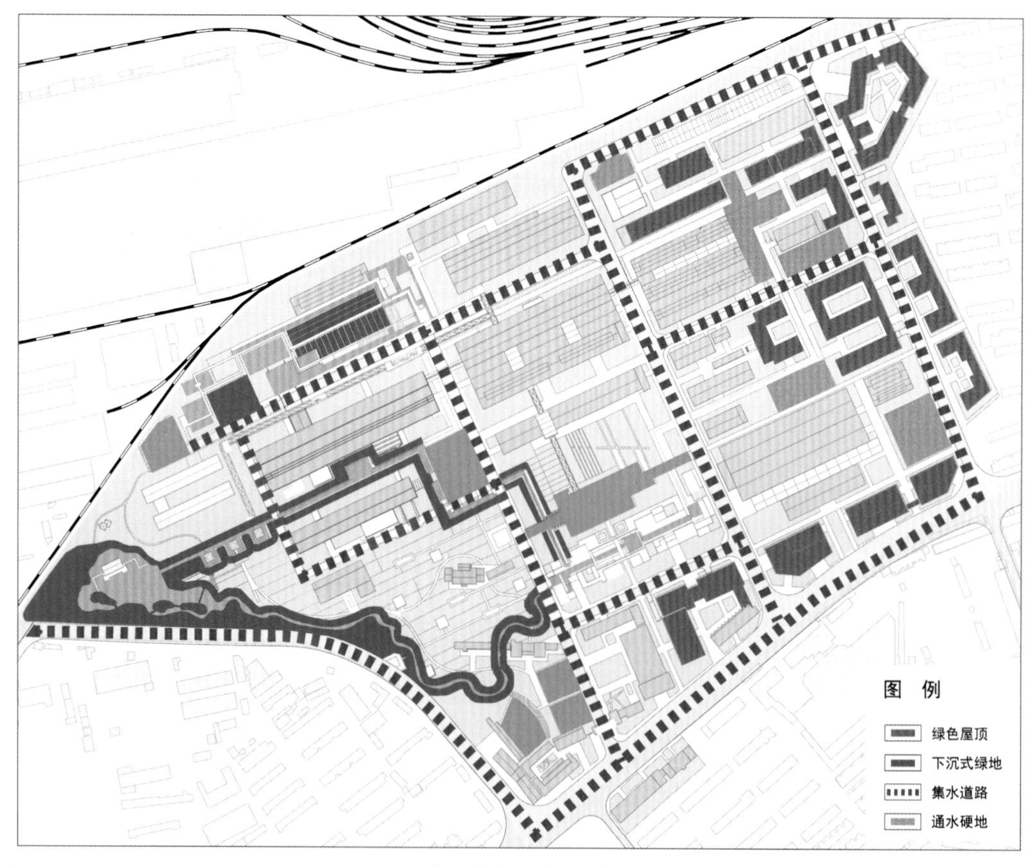

水土净化系统设计

---

① 柳州位于我国年径流总量控制率分区中Ⅳ区，年径流总量控制率 $70\% \leq \alpha \leq 85\%$，考虑地段条件较好且承担周边雨水消纳，取高值85%。

生态修复公园设计

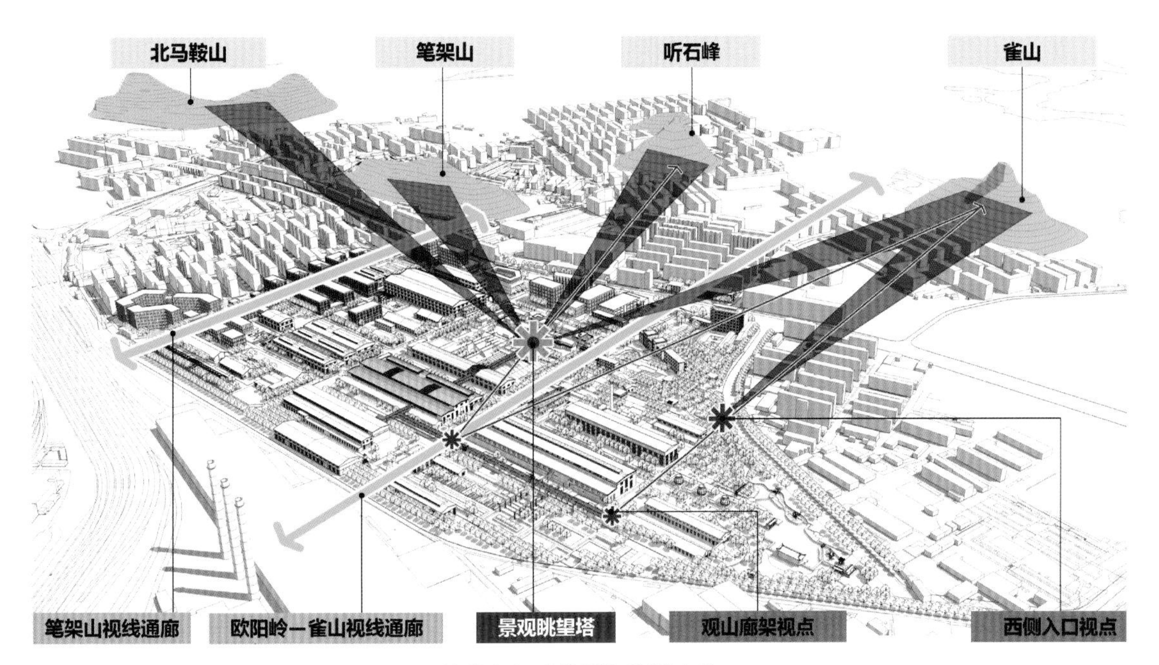

地段内部“借景”外围山体

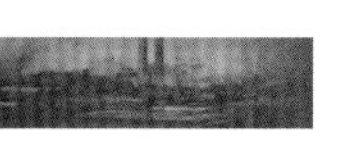

3. 山水格局融入

从城市和地区的山水格局来看，柳空老厂区历史地段位于柳州传统的“盘龙岭—雀山—古城—马鞍山—大龙潭”南北空间景观轴线上，是柳州山水人文大格局中的重要节点区域，地段周边耸立着数座喀斯特式孤山，与地段内部视线关系良好。基于此，规划设计充分运用中国传统园林营造的“借景”手法，对地段内部空间和观山视廊系统进行了立体化的建构，因地制宜地设计了多条观山廊架，并在重要景观视廊的交会处利用废弃的工业构筑物设计眺望观景塔和观景平台，全方位立体化地将孤山景观纳入地段公共空间系统，实现了内外景观环境的有机融合。

4. 特色景观营造

柳空老厂区历史地段内部景观营造主要采用三大策略：一是水脉串园，即以雨水收集和生态修复为基础，结合现状水系条件和生态功能提升需求，塑造与新功能空间相适应的多样化水系景观，营造水上机械展示、水景文化广场、水榭园林、公共交流庭院等特色空间；二是廊架贯园，即以简洁的工业结构形式连接现状保留的室内外特色工业构筑物，形成可攀登、可体验、可游赏的工业体验廊道；三是绿网渗园，充分延续原有绿化植被和景观格局特征，结合工业文化主题形成网络化的绿地景观系统。

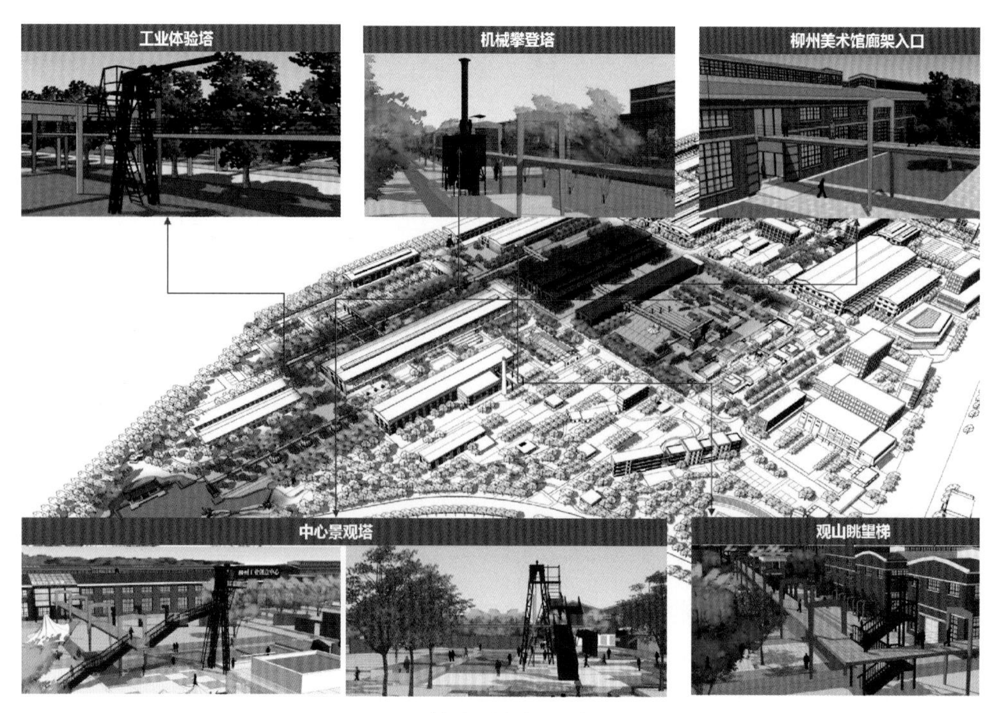

立体廊道空间设计

五　柳空老厂区保护更新成效

柳空老厂区保护更新规划编制完成后，柳州市随即组织文化旅游、城市建设等多元主体共同推动保护更新规划的实施和运营，三年来取得了明显的成效。按照规划布局，地段西侧以城市公共空间和文化功能板块为主，柳州美术馆、创意街区、柳空历史记忆馆等功能已初具规模。东侧以富有柳州民族特色和地域特色的大型文化旅游项目——“东方梦工场”的演绎、展示、创作为主体功能，目前正在逐步入驻。2018 年 10 月，改造后的柳空老厂区首次对公众开放，成为柳州工业文化节的主场地，吸引了大量的市民和游客，成为独具工业城市特色的高品质公共空间。具体而言，前一阶段的保护更新成效主要体现在以下四个方面：

（一）空间格局和景观特色得到保护提升

经过三年的持续整治，柳空老厂区传统的空间格局和良好的景观环境得以强化和提升。整治过程中重点保护了场地内原有的高大树木、池塘水面、自然水系等景观要素，并以原有的绿化布局为基础，结合新的功能业态形成了中心公园、艺术公园、生态公园和荷塘公园等多个小型开敞空间，这些开敞空间与厂房周边的组团绿地、道路绿化等共同构成了地段的绿化景观网络，重现了柳空老厂区特有的花园式景观环境。此外，重要景观绿化节点加入了吊车、铁塔等老厂区原有的工业构筑物并作为主题景观元素，柳空老厂区历史地段已经成为一处充满工业文化气息的城市特色空间。

（二）工业遗产得到保护修缮与合理利用

在保护更新总体框架和措施的指引下，柳空老厂区内有价值的老厂房、老设备等工业遗存陆续开展了保护修缮工程，在保护修缮方案设计和工程实施的过程中，作者对每一个设计和施工环节都进行了细致的指导和全过程的跟踪，确保保护更新规划设计的主要意图能够有效地落实。

地段景观环境保护提升成效

厂房周边景观环境整治前

厂房周边景观环境整治后

首先，作者邀请了建筑设计团队对保护更新规划确定的各个保护类建筑物分别进行了重点的设计，对需要保护修缮的老厂房建筑的结构安全性进行了详细的评估，在评估的基础上制订了每栋厂房的安全加固方案。在建筑安全加固的过程中，最大限度地保护和展示原有结构和空间特征，对损坏严重、危及安全的构件进行了替换。建筑主体结构得到了维护和加固。

其次，根据规划确定的功能业态，建筑设计团队开展了详细的方案设计工作，重点对建筑外立面、建筑屋顶、内部结构、空间划分、内部展陈空间与保留工业设备设施之间的关系等进行了一体化的设计，并与建筑使用的主体和业主方进行了多次沟通对接，确保使用功能与空间设计的匹配与有机融合。在此基础上绘制了详细的建筑设计施工图。

最后，在按照批准的施工图进行实施的过程中，作者全程参与并把控每处细节的实施，尤其是建筑外墙面、门窗、屋顶形式等最能体现柳空历史文化特色对象，严格按照原材料、原工艺进行修缮，经过大量的试验和反复的比选，确保实施的最佳效果。例如对红砖墙面进行了系统的清洁和加固，对于局部破损的墙面，作者坚持以修代换，通过水泥勾缝、打磨、涂氟碳层等方式进行科学有效的修补，最大程度地保护和展示老厂房建筑原有的风貌特征和历史文化遗存的真实性。

2017 年，柳空老厂区历史地段内的机加工一车间、机加工二车间、锻造清砂车间、锻造翻砂车间、砖机加工车间、总装配车间、柳空影剧院及单身宿舍等 8 栋建筑被柳州市政府公布为第三批历史建筑。当前，机加工一车间、机加工二车间、锻造清砂车间等 3 栋老厂房已经按照历史建筑的保护要求完成了保护修缮工程，并引入了新的功能业态，取得了良好的实施效果。

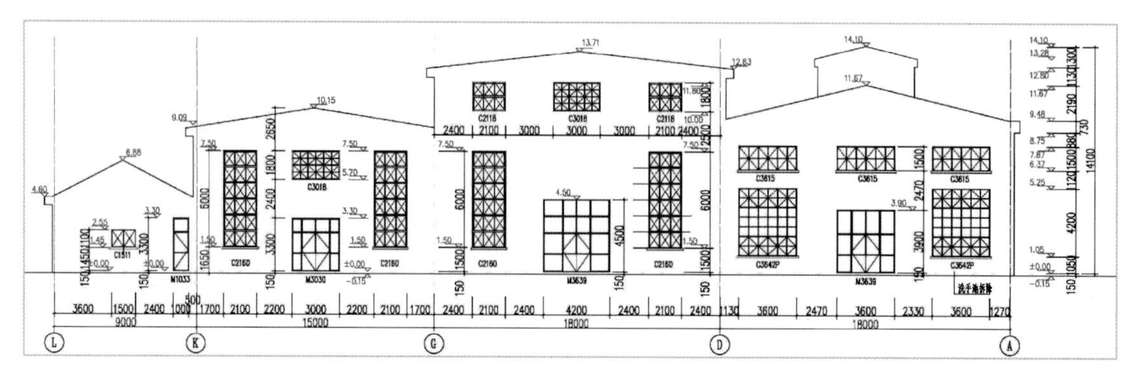

机加工一车间外立面保护修缮施工图

建筑的原窗形式

按照原窗形式定制的新窗样品

机加工一车间是柳空老厂区历史地段内最具代表性的厂房建筑，位于地段主要轴线道路东侧，建筑面积为8380平方米。在保护机加工一车间原有建筑特色的基础上，对建筑外部破损的墙面、门窗、屋顶高窗等对象进行了细致的修复，外立面典型的红砖风貌特色得以完整保护和展示。按照规划确定的功能定位，机加工一车间已经改造为柳州美术馆，形成了以艺术展览为主，融合特色商业、文化交流的多功能展览空间。

机加工二车间位于机加工一车间南侧，建筑外立面破损较为严重。因此，更新改造之前作者首先对建筑进行了整体的劣化病理研究。根据研究评估的结果，拟定了相应的修复策略，具体包括替砖重补、墙面清洗、灰缝修复、整墙清洗、去除有害植物根系等措施，对部分破损的窗户进行了原样修复和替换。根据规划，机加工二车间作为柳州美术馆（由机加工一车间改造而成）的辅助配套设施，引入了特色主题餐饮、创客咖啡、工业艺术品和图书售卖、专业讲座和培训等多样化的功能业态，形成了具有工业特色的创意商业和文化体验场馆。

机加工一车间等历史建筑内部空间的更新改造中严格保护了原有结构特征，基本上都沿用了原始的外墙作为新功能的外围护结构，根据安全评估结果在必要的地方做了结构加固保温等技术处理。对带牛腿的柱子、吊车梁、桁架等典型的工业构件予以保留并维持原貌，此外，对于那些保存完好、具备改造再利用价值的设备予以保留，并融入了新的功能空间之中。内部空间组织充分发挥大跨度结构的优势，形成了自由组合、灵活分割的多样化空间，较好地适应了文化展览、艺术创作、特色商业及演艺等多元功能需求。

机加工一车间保护修缮前（2015）——西侧

机加工一车间保护修缮后（2018）——西侧

机加工一车间保护修缮前（2015）——东侧

机加工一车间保护修缮后（2018）——东侧

机加工二车间保护修缮前（2015）

机加工二车间保护修缮后（2018）

建筑内部空间改造前

建筑内部空间改造后

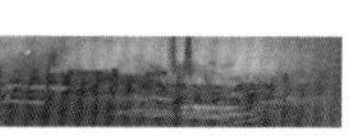

（三）典型设备设施完整保护展示，与新功能有机融合

柳空老厂区各厂房内保存的设备设施是工业历史地段综合价值和特色的重要载体。在保护更新实践中，地段内重要的设备设施得到了有效保护和完整展示，与新的功能融为一体，成为新空间的独特文化元素。机加工一车间的空间改造中，结合内部展陈空间和流线，将首层南侧的东西向走廊进行了艺术化的设计，形成了兼顾展示流线、交通联系的多功能复合展廊，连接门厅与内部展厅，形成历史设备及工艺流程展示的专门化空间；机加工二车间对内部工艺和天车等构筑设施进行了保留，形成了展示机加工工艺流程的空间体验走廊。

保留的设备（2015）

设备的保护展示（2018）

典型设备设施的保护展示成效

（四）文化功能有机植入，形成高品质的城市公共空间

保护更新规划中将柳空老厂区历史地段定位为以工业体验、文化创意、演艺为主体的城市特色中心。在功能定位的指引下，文化创意产业、艺术展览、文化活动、工业旅游等功能陆续被引入地段内。2018 年 10 月，柳州工业文化交流大会在柳空老厂区历史地段举行，鲜明的工业文化特色、优美的花园式环境、趣味多样的艺术展览和文化活动吸引了广大市民、游客、艺术家、企业、社会团体等多元群体的广泛参与。

此外，地段东侧的总装配车间、结构车间等厂房引入了以“东方梦工场”项目为主体的文化演艺功能，形成了集电影拍摄、地方戏剧、民族音乐表演及配套产业为一体的综合创意演艺区。柳空老厂区历史地段已经成为工业特色鲜明、地域文化浓郁、活力十足的城市文化新地标，为柳州历史文化名城的价值注入新的内涵，也为新时代柳州城市魅力的提升创造了一处新的空间场所。

文化功能引入后的柳空老厂房

第八章 结论与建议

一 结论与创新点

本书在规划的视角和语境下，深入研究了我国城市工业历史地段保护更新的基本特征，从不同的层面梳理归纳了我国工业发展脉络和空间格局演变的历史规律、形成机制、类型特点、当前保护更新实施路径以及存在的突出问题等。在此基础上，构建了工业历史地段价值评估和保护体系、更新方法体系。

纵览本研究，有三方面的主要结论和创新：

（一）首次运用规划的视角，系统性地提炼出我国工业空间格局演化的历史规律、类型特征及当前的保护更新路径

1. 剖析了我国工业发展脉络和格局演化的历史规律

第一，近代工业开局是打开国门和救亡图存的产物。西方的坚船利炮击破了中国传统的生产生活方式和文化准则，带来了工业技术以及基于工业文明的社会经济制度，

同时也唤起了中国少数有识之士的觉醒。此后，中国先后经历了民族工业的繁荣、国民政府时期国营工业的崛起、新中国初期社会主义工业大规模建设、三线时期工业重新布局、改革开放后工业化与城镇化齐头并进等历史时期阶段，奠定了中国今日的工业基础。

第二，区域工业格局是国家重大战略布局的产物。新中国充分发挥了社会主义制度集中力量办大事的优势，大力推进工业建设，以国家重大发展战略为指引，国土工业格局多次系统性构建与调整，形成了中国区域工业格局的基本形态。“156工程”彻底改变了近代中国工业分布不平衡的局面，随后的三线建设再次对中国区域工业格局进行了全方位重塑，改革开放初期的东南沿海优先发展战略彻底打破了原有的区域工业格局，东南沿海地区迅速成为中国工业发展新的一级。

第三，城市工业格局是空间规划控制引导的产物。城市层面来看，规划对城市工业布局有重要的引导作用。实践证明，当城市发展和工业建设重视规划时，工业布局就会与城市空间结构相得益彰，相互促进。反之，当忽视甚至摒弃规划时，工业就会无序建设，会对城市空间效率和环境品质造成严重影响。

第四，工业地段格局是企业生产功能需求的产物。空间规划对城市的工业功能整体布局、各功能板块的关系具有明显的控制引导作用。但是，工业地段内部在长期计划经济模式主导下形成了以生产为核心的封闭完整小社会，地段内部的功能分区、空间形态、生产流程、交通组织等都是按照工业生产需要进行整体规划建设，并配套完善的生活设施，城市规划很难干预其中。

2. 归纳了我国工业历史地段的组织类型、空间形态和土地使用特征

第一，归纳了工业历史地段与城市整体的空间关系特征。在工业化和城镇化的历史进程中，我国的城市大致形成了三类老工业空间的组织方式——大型企业主导的空间形态、同类企业聚集的空间形态、小型企业散布的空间形态。不同的空间组合方式与土地权属、工业类型、配套能力等密切相关，其更新改造的推动力、操作模式、管理方式也存在很大差异。

第二，分析了工业历史地段的内部空间形态特征。工业历史地段内部通常分为生产区、生活区两大区域。地段大多遵循“先生产、后生活”的建设理念，生产区建设重点考虑工艺流程和人流货流组织；生活区主要分为单一工厂配套型住区、工厂群配套型住

区，布局通常是建筑围合形成院落公共绿地和室外活动场地。此外，我国工业历史地段注重景观环境设计，厂前区景观、防护绿带、道路轴线景观、厂房周边绿化等与建构筑物形成丰富的空间层次。

第三，剖析了工业历史地段的土地使用转换特征。城市工业历史地段的形成、建设、更新与城市土地制度的发展演变息息相关。1949 年到 1978 年期间，我国城市中的土地采用行政划拨方式，优先布局工业，其他功能作为配套与工业用地混合，工业生产组织高效，但城市整体功能和用地结构不合理，环境品质差。改革开放以来，城市土地逐步探索有偿的使用制度，房地产市场兴起，原有以工业布局为主导的空间组织方式被快速瓦解，工业历史地段加速腾退置换。

3. 总结了我国工业历史地段的保护更新路径特征和存在问题

第一，归纳了当前我国工业历史地段保护更新的实施模式。工业历史地段的保护更新实施模式是指在经济、社会、文化和环境复兴等目标的主导下对工业历史地段实施的一系列更新方法和技术手段的集合。作者对我国目前已经开展的工业历史地段保护更新实践进行了系统总结分析，将保护更新实施归纳为四种主要模式，分别是产业调整升级模式、文化设施建设模式、艺术商业区改造模式和开敞空间营造模式。

第二，分析了当前工业历史地段保护更新的实施主体及不同主体的优势与弊端。包括政府主导更新、市场主导更新、厂方自主更新三种。政府主导对于工业遗产保护、公共利益维护和城市人居环境提升作用较大，但是建设目标和规模容易脱离市场需求而被简单放大，长期来看会影响可持续发展；市场主导对于土地价值的充分发挥具有重要作用，但是可能会对工业遗产造成破坏；厂方自主更新具有灵活性和适应性，有利于地段活力提升和工业遗产保护延续，但仅属于特定时期的过渡政策，与相关法律法规不完全相符。

第三，剖析了当前工业历史地段保护更新存在的突出问题。遗产保护方面主要存在重经济价值利用、轻历史文化价值保护，重单体建筑保护再利用、轻整体地段的系统保护更新等问题；功能转型方面主要存在对城市更新反应迟缓，重自下而上主观的功能改造、轻总体层面功能更新的统筹等问题；生态环境方面主要问题在于更新再利用过程中忽视原有工业用地污染的治理与修复，大量开发建设项目存在极大的环境安全隐患。

（二）创新性地提出综合价值评估“五法”，构建了工业历史地段适应性保护体系，拓展了工业遗产保护的视野和理论。

1. 创新性地提出了工业历史地段价值评估“五法”

针对工业历史地段保护的特殊性，借鉴历史文化遗产价值认知的基本方法，创新性地提出了工业历史地段价值评估“五法”：

第一，文明演变整体分析法。对于工业历史地段的价值分析，突破“以古为贵”的传统视角和地段建筑本身的具体形态，从人类文明发展变迁的高度进行理性审视，深入认识工业时代的生产、经济、社会、文化特征，客观剖析工业历史地段作为遗产区别于体现农业文明遗产的核心价值。通过对工业文明的保护实现人类文明的完整性和延续性。

第二，历史脉络连续分析法。针对中国工业化的演化特征，运用历史学的研究方法，以时间为主轴，系统梳理传统手工业的诞生、发展、成熟以及在工业化时期的变革等连续历史脉络，分析不同历史阶段、历史背景和重大事件影响下的生产活动、社会组织及物质载体所呈现出的不同特征和发展规律，更加全面、深刻地认识工业历史地段及其附属建构筑物的价值特征。

第三，文化系统关联分析法。在对各要素的个体变化特征和价值认识的基础上，进一步认识要素之间历史上长期发展形成的稳定关系，从区域及更大范围的工业化进程、地理环境、文明进步等角度进行全面审视，深入认识在城市发展演化规律下工业历史地段的地位，了解人类生产活动与区域地理环境间互动演化所形成的整体价值。

第四，技术进步比较分析法。将工业历史地段及其附属遗产置于工业技术发展史的系统演进脉络中加以理解和认识，重点研究在行业技术史上地段和相关附属遗产带来的重大技术变革，在其诞生和成熟运用阶段的划时代技术革新，以及对新技术的孕育、生产方式的变革、生活方式的转变等做出的贡献。

第五，工人群体情感分析法。通过历史信息的整理挖掘展示，保护和传承工人群体在长期工作生活奋斗中形成的群体情感、集体记忆、主流价值观，以及工业历史地段承载的工业时代自立自强、勇于创新的精神。

2. 构建了基于工业历史地段综合价值的保护体系

通过上述工业历史地段价值系统评估“五法”的运用，结合国际、国内相关规定和研究，统筹考虑保护与更新的综合需求，本书将工业历史地段的价值构成界定为历史文化价值、科学技术价值、社会情感价值、艺术美学价值和经济利用价值。并以工业历史地段多样化价值构成为导向，构建基于价值的特色保护体系，包括五方面保护内容：空间格局保护、建构筑物保护、设备设施保护、生产环境保护、历史信息保护。

第一，空间格局保护。主要包括功能空间布局保护、特色工艺流程保护。功能空间布局重点保护工业历史地段的空间肌理、整体风貌、轴线序列、道路走向、功能分区、建筑布局、景观组织等；特色工艺流程重点保护生产组织要素、原有工艺流程印记、典型设备特征、历史档案等，并设计展示路径。

第二，建构筑物保护。详细评估建构筑物的风格特征，造型、体量、色彩独特性、在原有工业生产流程中的位置，以及空间、结构改造再利用的潜力等，在综合评估的基础上，确定每栋建筑的保护与整治方式。

第三，设备设施保护。重点保护设备与生产空间、流程、产品的关联，与整体格局保护、景观设计和游览路线有机融合，采取多样化的保护展示方式，在保证日常维护的基础上，部分设备可融入场地整体景观中，形成场所标识。

第四，生产环境保护。重点保护和展示生产环境与工业生产环节的空间联系，与技术空间、技术载体形成互动关联，成为生产空间独特的场地记忆，并在更新改造中与新功能定位下的环境设计有机融合，延续场地环境特征。

第五，历史信息保护。包括生产主导下的组织形态、企业文化、历史记忆、历史事件与情感寄托等，具体表现为生产生活的老车间、老宿舍等留下的历史印记、场景、标语、影像和档案等遗产的保护。

（三）开创性地构建了完善的工业历史地段更新方法体系

构建的工业历史地段更新体系包括主要目标、功能引导与空间布局、生态修复与景观重塑、文脉延续与文化复兴以及更新组织与制度建议等五个方面。

第一，更新的主要目标建构。以优化城市功能和空间结构、改善城市环境品质、延

续城市历史文脉、促进城市可持续发展为基本方向，包括经济复兴目标、空间优化目标、环境修复目标和文化传承目标等。

第二，功能引导与空间布局。包括功能业态引导、空间布局组织及交通系统更新。其中，功能业态引导应确立适宜的功能业态和服务设施，提倡多元功能的混合与相互支持；空间布局组织要顺应原有空间格局肌理，处理好地段空间的新旧关系；交通系统更新要结合新功能空间，组织短路径交通，建设慢行交通系统，积极利用原有交通设施。

第三，生态修复与景观塑造。包括工业污染治理、生态功能提升及景观格局塑造。其中，工业污染治理应在污染风险等级和污染类型评估的基础上，采取针对性的生态修复措施；生态功能提升应优化提升地段生物群落，建立生态运作机制；景观格局塑造应尽可能利用整合自然要素和已有的工业元素。

第四，文脉延续与文化复兴。包括文化发展战略制定和工业文化旅游引导。其中，文化发展战略应对接城市整体发展战略，大力发展文化产业，形成文化品牌；工业文化旅游应通过保护和再利用原有建筑物、工业设备、场地特色等元素，以大型文化项目和文化活动为引擎，组织旅游活动，提升地段文化知名度。

第五，更新组织与制度建议。包括实施路径引导、多方参与机制、规划体系优化和土地管理完善。其中，实施路径引导包括发展新型产业、引入公共服务设施和文化设施、建设城市公共绿地、工业遗址公园等；多方参与机制主要是建立政府组织引导，企业、社会力量等多元主体参与的更新机制；规划体系优化和土地管理完善应对环境污染治理和文化遗产保护进行全过程管控和引导。

二　未来工作建议

（一）以文明传承为导向，科学构建保护框架体系

作为一种特殊的遗产类型，工业历史地段的保护更新，首要任务是保护，而保护的前提是对其承载的多元价值的系统认知。作者建议，对于工业历史地段的价值认知，一定要破除“以古为贵”的传统思想束缚，跳出工业建构筑物本身，从人类文明发展进步

的视角，重新审视工业文明对人类发展的贡献，深入研究工业文明的核心价值。以文明传承为导向，科学评估甄别保护对象和保护方法，避免工业历史地段和工业遗产保护的盲目性。

（二）以城市转型为目标，合理确定功能空间布局

工业历史地段的更新再利用，是城市存量用地更新优化的重要方向之一，应当深入研究新时代城市转型提质的典型特征和基本需求，准确把握城市发展的客观规律，引导工业历史地段由最初形成的“以生产为核心”模式向新时代“以生活为核心”模式转变，进而针对性地引导适应城市发展需求的合理功能业态布局，避免工业历史地段和工业遗产改造的随意性。

（三）以环境安全为前提，加大棕地污染治理修复

2009年，环保部发布了《污染场地风险评估技术导则（RAG-C，征求意见稿）》。2014年形成了《工业企业场地环境调查评估与修复工作指南（试行）》，分别从污染识别、现场采样、风险评估、修复方案编制、修复实施与环境监理、验收与后期管理六方面构建了工业用地风险评估和修复的基本框架。但是，这些规定因部门管理的藩篱所限而未能在工业历史地段更新改造中较好执行。作者建议，未来凡涉及工业历史地段的保护更新，除执行规划建设领域的相关规定外，还应严格执行环保部门的要求和标准，将场地污染风险评估与修复作为工业历史地段更新的强制性内容，加大棕地污染治理和生态修复力度。

主要参考文献

专著类：

[1] HallP. Vacant looks [M]. Guardian，28May，1998.

[2] Kirkwood NG. Manufactured sites：rethinking the post-industrial landscape [M]. Taylor&Francis，2005.

[3] Alanen AR. Morgan Park：Duluth，U.S. Steel，and the Forging of a Company Town [M]. University of Minnesota Press，2007.

[4] France RL.Handbook of regenerative landscape design [M].CRC Press，2007.

[5] Paul Syms.Previously Developed Land：Industrial Activitiesand Contamination（SecondEdition）[M].Oxford：Blackwell Publishing，2004.

[6] Heather Chapman and Judith Stillman.Melbourne：Then and Now，San Diego：Thunder BayPress，2005.

[7] 刘伯英，冯钟平著.城市工业用地更新与工业遗产保护[M].北京：中国建筑工业出版社，2009.

[8] 常青编著.建筑遗产的生存策略：保护与利用设计实验[M].上海：同济大学出版社，2003.

[9] 李冬生著.大城市老工业区工业用地调整与更新：以上海市杨浦区为实例[M].上海：同济大学出版社，2005.

[10] 孟佳，聂武钢著.工业遗产与法律保护[M].北京：人民法院出版社，2009.

[11] 史景迁著，黄纯艳译，追寻现代中国：1600—1912年的中国历史[M].上海：上海远东出版社，2005.

[12] 汪敬虞主编.中国近代经济史[M].北京：人民出版社，2000.

[13] 阿瑟·恩·杨格.1927年至1937年中国财政经济情况[M].北京：中国社会科学出版社，1981.

[14] 吴良镛等著.张謇与南通“中国近代第一城”[M].北京：中国建筑工业出版社，2008.

[15] 华揽洪著.李颖译.华崇民编校.重建中国—城市规划三十年[M].北京：三联书店，2006.

[16] 曲晓范著.近代东北城市的历史变迁[M].长春：东北师范大学出版社，2001.

[17] 中国科学院国家计划委员会地理研究所.中国工业分布图集[M].北京：中国计划出版社，1989.

[18] 武汉市志[M].武汉：武汉出版社，2007.

[19] 首都计划[M].南京：南京国都设计技术专员办事处，1927.

[20] 中国国家地理[J].2006.6

[21] 张笃勤，侯红志，刘宝森编著.武汉工业遗产[M].武汉：武汉出版社，2017.

[22] 第一拖拉机制造厂厂志总编辑室编.一拖厂志第1卷上[M].1985.

[23] 曹洪涛，储传亨主编.当代中国的城市建设[M].北京：中国社会科学出版社，1990.

[24] 施卫良，杜立群，王引，刘伯英主编.北京中心城（01-18片区）工业用地整体利用规划研究[M].北京：清华大学出版社，2010.

[25] 哈尔滨建筑工程学院编.工业建筑设计原理[M].北京：中国建筑工业出版社，1988.

[26] 中国社会科学院财贸经济研究所.中国城市土地使用与管理（总报告）[M].北京：经济科学出版社，1992.

［27］戴承良著．创意地产［M］．上海：学林出版社，2008.

［28］罗超著．城市老工业区更新的评价方法与体系：基于产业发展和环境风险的思考［M］．南京：东南大学出版社，2016.

［29］俞孔坚，庞伟等著．足下文化与野草之美——产业用地再生设计探索，岐江公园案例［M］．北京：中国建筑工业出版社，2002.

［30］Knight Barnes，Flugel 著；王亚南译．欧洲经济史［M］．世界书局，1935.

［31］王建国等著．后工业时代产业建筑遗产保护更新［M］．北京：中国建筑工业出版社，2008.

学位论文：

［32］Brady C. Ugly Duckling；Aproposal for the adaptive reuse of amachine factory［D］. University of Cincinnati/OhioLINK，2010.

［33］寇怀云．工业遗产技术价值保护研究［D］．复旦大学，2007.

［34］许东风．重庆工业遗产保护利用与城市振兴［D］．重庆大学，2012.

［35］李亦哲．旧工业建筑改造与再利用的策略与方法研究［D］．华南理工大学，2014.

期刊：

［36］Cercleux AL，Merciu FC，Merciu GL.Models of Technical and Industrial HeritageRe-UseinRomania［J］. Procedia Environmental Sciences，2012，14（8）.

［37］Sousa CAD. Brownfield redevelopment in Toronto：an examination of past trends and future prospects［J］. Land Use Policy，2002，19（4）.

［38］Corner J. Lifescape Fresh Kills Parkland［J］. Topos the International Review of Landscape Architecture&Urban Design，2005.

［39］刘伯英，李匡．工业遗产的构成与价值评价方法［J］．建筑创作，2006（9）.

［40］刘伯英，李匡．北京工业遗产评价办法初探［J］．建筑学报，2008（12）.

［41］郝珺，孙朝阳．工业遗产地的多重价值及保护［J］．工业建筑，2008，38（12）.

［42］张毅杉，夏健．城市工业遗产的价值评价方法［J］．苏州科技大学学报（工程技术版），2008，21（1）.

［43］张健，隋倩婧，吕元．工业遗产价值标准及适宜性再利用模式初探［J］．建筑学报，2011（s1）.

［44］季宏，徐苏斌，青木信夫．工业遗产科技价值认定与分类初探——以天津近代工业遗产为例［J］．新建筑，2012（2）.

［45］哈静，陈伯超．基于整体涌现性理论的沈阳市工业遗产保护［J］．工业建筑，2008，38（5）.

［46］胡英，姜涛．旧工业建筑的保护和改造性再利用——沈阳重工机械厂矿山设备车间再生模式［J］．工业建筑，2010，40（6）.

［47］李莉．浅论我国工业遗产的立法保护［J］．人民论坛，2011（2）.

［48］丁芳，徐子琳．中国工业遗产的法律保护研究［J］．科技信息，2012（1）.

［49］孙晓春，刘晓明．构筑回归自然的精神家园——美国当代风景园林大师理查德·哈格［J］．中国园林，2004，20（3）.

［50］王向荣．生态与艺术的结合——德国景观设计师彼得·拉茨的景观设计理论与实践［J］．中国园林，

2001，17（2）.

[51] 郭洁 . 更新、再循环、再利用到景观的重生［J］. 建筑科学与工程学报，2004，21（4）.

[52] 杨锐 . 从加拿大格兰威尔岛的景观复兴看后工业艺术社区的改造［J］. 现代城市研究，2009（12）.

[53] 贺旺，章俊华 . "人・船・海" 特色滨海景观的创造——威海市金线顶公园规划设计构思［J］. 中国园林，2002，18（1）.

[54] 张艳锋，张明皓，陈伯超 . 老工业区改造过程中工业景观的更新与改造——沈阳铁西工业区改造新课题［J］. 现代城市研究，2004，19（11）.

[55] 张毅杉，夏健 . 塑造再生的城市细胞——城市工业遗产的保护与再利用研究［J］. 城市规划，2008，No.242（2）.

[56] 罗能 . 对工业遗产改造过程中一些矛盾的思考［J］. 西南科技大学学报（哲学社会科学版），2008，25（1）.

[57] 杨小凯 . 民国经济史［J］. 开放时代，2001（09）.

[58] 李百浩，彭秀涛，黄立 . 中国现代新兴工业城市规划的历史研究——以苏联援助的 156 项重点工程为中心［J］. 城市规划学刊，2006（04）.

[59] 张志强，陈伯超 . 沈阳：拆掉 4000 座烟囱以后［J］. 中国国家地理，2006（06）.

[60] 魏方 . 孔窍与互动——美国伯利恒钢铁厂高炉区改造设计研究［J］. 风景园林，2017（11）.

[61] 谭刚毅，高亦卓，徐利权 . 基于工业考古学的三线建设遗产研究［J］. 时代建筑，2019（6）.

其他类：

[62] 中国城市规划设计研究院 . 柳州空压机厂老厂区历史地段保护规划［R］. 2016.

[63] 中国城市规划设计研究院 . 南京历史文化名城保护规划［R］. 2018.

[64] 中国城市规划设计研究院 . 齐齐哈尔历史文化名城保护规划［R］.2011.

[65] 中国城市规划设计研究院 . 沈阳历史文化名城保护规划［R］.2012.

[66] 中国城市规划设计研究院 . 滁州历史文化名城保护规划［R］.2018.

[67] 东南大学城市规划设计研究院 . 南京市工业遗产保护规划［R］.2017.

[68] 杭州市城市规划设计研究院 . 杭州市区工业遗产保护规划［R］.2007.

[69] 北京清华同衡规划设计研究院有限公司 . 长春历史文化名城保护规划［R］.2016.

后　记

2007 年，我从西安建筑科技大学本科毕业后，进入东南大学攻读硕士学位。行走于中国最负盛名的两大古都之间，除了对古色古香的传统建筑热情不减，我还对冰冷震撼的工业遗产和老工业地段产生了浓厚的兴趣。硕士期间，我参与了导师阳建强教授主持的多个老工业区更新课题与项目，研究了国内外大量案例，并以《后工业时代发达国家老工业区更新重点及类型模式研究》为题，完成了硕士学位论文。

硕士毕业之际，我向往进入全国最高水平的规划院之一——中国城市规划设计研究院（中规院）工作，但却因简历投递时间有误等种种原因未获得入院考试的资格，考试时间临近，眼看就要与中规院擦肩而过。

2009 年 12 月的一个清晨，我捧着作品集闯入中规院杨保军院长（时任副院长）的办公室，只为争取一个入院考试的机会。与我素不相识的杨院长为我的执著所动，破例允许我参加考试。随后，我通过了笔试、面试、实习等环节，于 2010 年夏天正式进入中规院名城所工作。期间，杨院长还专门发信息予以祝贺，并勉励我以后继续努力。这些年的工作中，杨院长多次对我负责和参与的项目课题给予悉心指导。这些都令我无比感动，铭记于心。

在名城所工作的前几年里，我参与了多个历史文化名城和街区保护规划、科研课题、标准规范等研究与实践，我借助每一次项目科研机会不断收集整理各地老工业地段的资料。那时候，中规院张兵总规划师（当时兼任名城所所长）对老工业地段的保护利用提出了很多高屋建瓴的思路，得知我在这方面有所积累，他鼓励我坚持下去，并为我提供了很多学习、研讨的机会，他建议我充分发挥中规院的专业优势，以规划的视角结合中国本土工业化特征来拓展研究的视野。

在这个思路的指引下，此后几年除了继续研究工业遗产和地段保护利用的优秀案例，我还阅读了《十八世纪产业革命》《产业兴衰与转化规律》《追寻现代中国：1600—1912 年的中国历史》《中国近代经济史》《民国经济史》《中国现代工业史》等大量相关领域的著作。我认识到，工业文明深刻改变了人类的生产生活方式，只有置身历史的大格局，从人类文明进步的高度审视，才能深入理解工业时代经济、社会、文化的突出特征和老工业地段的价值。

此外，我还意识到，工业文明在与中华传统文化的冲突、碰撞、融合中，必然会形成我国本土化的规律和空间遗存。但是，当前对于我国本土工业发展和工业地段保护规律的研究，几乎是一片空白，国内部分老工业地段保护只能削足适履套用西方工业遗产保护理论，带来了很多问题。因此，勾勒我国工业化空间演变的“历史图景”和脉络特征，认识发展演化的客观规律和经验教训，系统审视我国工业化与民族救亡、社会进步、伟大复兴的内在关联，成为我研究的重点之一，部分研究成果在本书中得以呈现。

2016 年，我负责编制了《柳州空压机厂老厂区历史地段保护规划》，这是中规院第一次实质性开展的老工业地段项目实践，起初由于当地政府对老工业地段价值认识的模糊和城市开发利益的驱使，这个项目一波三折，最终在名城所鞠德东所长、胡敏副所长、赵霞主任工和苏原主任工的大力支持下，项目组许龙、陶诗琦、王川等同事通力合作，彻底扭转了地方政府的思路，取得了良好的实施成效和社会反响，也成为中规院关于老工业地段研究的第一个完整样本。

2017 年，我申请的《老工业历史地段保护更新的方法研究》课题获得了中规院科技创新基金的资助。在耗时两年多的研究中，杜莹、许龙、张涵昱、张子涵等课题组成员付出了智慧和心血，我们先后在《城市发展研究》《中国名城》等杂志上合作发表了《规划视角下的老工业地段保护更新路径探讨》《我国工业空间格局演化的脉络特征与启示》等文章，这些研究成果为本书的撰写打下了坚实的基础，我们之间的合作也留下很多愉快的回忆。

课题的历次审查中，已近耄耋之年的王静霞老院长细心审阅、逐句修改，充分肯定了我们从规划的视角和文明传承的高度研究工业遗存的必要性。王院长是我国著名的城市规划专家，卸任中规院院长后，又担任过国务院参事、国务院参事室特约研究员，七十多岁高龄的她多次赴大西南山区调研三线工业遗产的现况。得知我要将研究成果整理出版，她欣然为本书作序加以勉励，并特别为后续的研究指出了方向，让我深深地感受到了老前辈对后辈学者的关爱和对学科进步的殷切期望。

赵中枢教授是课题主审人，也是我国历史文化保护领域的知名专家。他十分关心青年一代的成长，加上脾气温和，所以像我这样初入保护领域的年轻人遇到问题总会向他请教，不论多么幼稚的问题，赵老师都会不厌其烦地详细解答。大概由于是陕西老乡的缘故，赵老师对我一直厚爱有加，在我刚开始独立负责规划项目时，他欣然答应作为项目顾问来支持我，他几乎每次都与我们一起调研汇报，跋山涉水、风餐露宿，并在指导项目和课题的过程中，把自己几十年积累的历史文化保护经验倾囊相授。每每想起来，我心中总是充满温暖和感激。

本书的写作过程中，中规院名城所张帆、张涵昱、许龙、张子涵、陈双辰、冯小航、杨亮、兰伟杰、陶诗琦、张凤梅、汪琴、闫江东等同事慷慨提供了大量珍贵的照片和资料，张涵昱、许龙参与了书中部分插图的绘制工作，热心的杨澍博士还将书中的字句语法错误进行了一一更正。中规院张广汉副总规划师为我写了出版的推荐信。他们对本书的撰写给予了极大的帮助，在此一并诚挚感谢！

我的爱人袁方始终是我研究学习的坚定支持者，在她一次次毫不留情的批评中，本书的思路一步步趋于清晰。平时的周末出行和外出旅游，我们总会把各类老工业厂区作为重要目的地，即将5岁的王辕乐小朋友，在北京798、751艺术区、首钢、沈阳铁西区等著名的老工业地段都留下了嬉戏玩耍的身影。

时光荏苒，转眼十年。当初愣头闯入院长办公室的我，在陪伴着王辕乐小朋友的成长中，也逐渐步入中年。十年来，最让我感到欣慰的是，在纷繁的工作和生活之余，能够把老工业地段的研究坚持做下去。未来的日子，我必不负师友家人的期望，毫不懈怠，继续向前。

王　军
2019年10月